全国高职高专新能源类“十三五”精品规划教材

风力发电机组安装与调试

主　编　方占萍
副主编　张　康　冯黎成

中国水利水电出版社
www.waterpub.com.cn

内 容 提 要

本书按照“基于工作过程情境化教学”模式编写，按照风力发电机组实际安装的完整工作过程编排，内容包括装配基础知识、风力发电机组机舱的安装与调试、风力发电机组叶轮的安装与调试、风力发电机组的吊装等四个学习情境。

本书图文并茂，内容丰富，可作为高职高专教育三年制风电类专业教材，也适合相关专业成人高校、中等职业学校教学使用，也可供风力发电安装企业的工程技术人员及管理人员参考。

图书在版编目（CIP）数据

风力发电机组安装与调试 / 方占萍主编. -- 北京 : 中国水利水电出版社, 2015.10(2021.9重印)
全国高职高专新能源类“十三五”精品规划教材
ISBN 978-7-5170-3695-1

Ⅰ. ①风… Ⅱ. ①方… Ⅲ. ①风力发电机－发电机组－安装－高等职业教育－教材②风力发电机－发电机组－调试方法－高等职业教育－教材 Ⅳ. ①TM315

中国版本图书馆CIP数据核字(2015)第239176号

书　　名	全国高职高专新能源类“十三五”精品规划教材 **风力发电机组安装与调试**
作　　者	主编　方占萍　副主编　张康　冯黎成
出版发行	中国水利水电出版社 （北京市海淀区玉渊潭南路1号D座　100038） 网址：www.waterpub.com.cn E-mail：sales@waterpub.com.cn 电话：（010）68367658（营销中心）
经　　售	北京科水图书销售中心（零售） 电话：（010）88383994、63202643、68545874 全国各地新华书店和相关出版物销售网点
排　　版	中国水利水电出版社微机排版中心
印　　刷	天津嘉恒印务有限公司
规　　格	184mm×260mm　16开本　10.5印张　248千字
版　　次	2015年10月第1版　2021年9月第2次印刷
印　　数	2001—3000册
定　　价	**42.00**元

前 言

风能是清洁的可再生能源，风力发电是新能源领域中技术最成熟、最具规模化开发条件和商业化发展前景的发电方式之一。发展风电在调整能源结构、减轻环境污染等方面有着非常重要的意义。近年来，世界风电装机容量以年均30%以上的速度快速增长，风电技术日渐成熟，单机容量不断增大，发电成本大幅降低，展现了良好的发展前景。

为了促进风力发电事业更好更快地发展，培养风力发电机组安装工程技术人员，提高风力发电机组安装质量，规范安装工艺，推进技术创新，本书编委会根据国内有关风力发电机组安装工艺要求、有关设计及设备资料，结合风力发电企业的管理等通用经验，并参考了出版的有关文献、报告，编写了此书。

本书的突出特点是：以典型的工作任务为载体，按照资讯、计划决策、实施、检查评估四步法进行，培养学生的方法能力、专业能力、社会能力；在本书的编写过程中，大量采用任务导向的教学方法，突出了与工程实际和应用相结合，强化了与后续课程的联系与衔接。希望通过使用本书进行教学，既能明显提高学生解决安装过程实际问题的能力，实现学生毕业与就业的“零距离”，又能为学生可持续发展和创新能力的提高打下坚实的基础。

本书由方占萍老师统筹策划，编写分工如下：学习情境一和学习情境四由方占萍老师编写，学习情境二由冯黎成老师编写，学习情境三由张康老师编写。

本书在编写过程中得到了国内知名风电企业——金风科技股份有限公司、东方汽轮机有限公司等企业工程技术人员的大力支持和帮助，他们对本书的编写提出了很多宝贵意见，在此一并表示感谢！

由于编者水平有限，时间仓促，书中内容难免有不足和疏误，敬请读者批评指正。

作者

2015 年 8 月

目 录

学习情境一　装配基础知识

任务一　装配工艺概述

【能力目标】

掌握连接的装配工艺。

【知识目标】

1．了解装配基础知识。

2．熟悉各种装配方法的技术要求。

一、装配基础知识

任何一台机器设备都是由许多零件所组成，按规定的技术要求，将若干个零件（包括自制的、外购的、外协的）按照装配图样结合成部件或将若干个零部件按照总装图结合成最终产品的过程，称为装配；前者简称为部装，后者简称为总装。例如，一辆自行车有几十个零件组成，前轮和后轮就是部件。装配是机器制造中的最后一道工序，因此它是保证机器达到各项技术要求的关键。

1．装配工作

装配工作是产品制造工艺过程中的后期工作，它包括各种装配准备工作，即部装、总装、调整、检验和试机等工作。装配质量的好坏，对整个产品的质量起着决定性的作用。通过装配才能形成最终产品，并保证它具有规定的精度及所设计的使用功能及验收质量标准。装配工作是一项非常重要而细致的工作，必须认真按照产品装配图的要求，制定出合理的装配工艺规程，采用新的装配工艺，以提高装配精度，达到优质、低耗、高效。

2．产品的装配工艺过程

产品的装配工艺过程由以下四个部分组成。

（1）装配前的准备工作。

1）研究和熟悉产品装配图、工艺文件以及技术要求；了解产品的结构、功能、各主要零部件的作用以及相互的连接关系，并对装配零部件配套的品种及其数量加以检查。

2）确定装配的方法、顺序，并准备所需要的工具。

3）对装配零件进行清洗和清理，去掉零件上的毛刺、锈蚀、切屑、油污以及其他脏物，以获得所需的清洁度。

4）对有些零部件需要进行锉配或配刮等修配工作，有的还要进行平衡试验、渗漏试验和气密性试验等。

（2）装配。比较复杂的产品，其装配工艺常分为部装和总装两个过程。

1）部装。一般来说，凡是将两个以上的零件组合在一起，或将零件与几个组件结合在一起，成为一个装配单元的装配工作，都可以称为部装。部装是把产品划分成若干个装配单元式保证缩短装配周期的基本措施。划分为若干个装配单元后，可以在装配工艺上组织平行装配作业，扩大装配工作面，而且能使装配按流水线组织生产，或便于大协作生产。同时，各装配单元能预先调整试验，各部分以比较完善的状态送去总装，有利于保证产品质量。

2）总装。产品的总装通常是在工厂的总装场地内进行，但在某些场合下，产品在制造厂内只进行部装工作，而在产品安装的现场进行总装工作。

（3）调整、精度检测和试机。

1）调整。调整工作是调节零件或机构的相互位置、配合间隙、结合松紧等。其目的是使机构或机器工作协调，如轴承间隙、镶条位置、蜗轮轴向位置及锥齿轮副啮合位置的调整等。

2）精度检测。精度检测包括工作精度检验、几何精度检验等。

3）试机。试机包括机构及其运转的灵活性、性能参数等指标，工作温升，密封性、振动、噪声、转速、功率和效率等方面的检查及最后测试。

（4）喷漆、涂油、装箱。喷漆是为了防止不加工面的锈蚀和使机器外表美观；涂油是使工作表面及零件已加工表面不生锈；装箱是为了便于运输。它们也都需结合装配工序进行。

3. 装配工艺规程

装配工艺规程是规定装配全部部件和整个产品的工艺过程，以及所使用的设备和工夹量具等的技术文件。工艺规程是生产实践和科学实验的总结，符合“优质、低耗、高效”的原则，是提高产品质量和劳动生产率的必要措施，也是组织生产的重要依据。

二、固定连接的装配

（一）螺纹连接的装配工艺

螺纹连接是一种可拆卸的紧固连接，它具有结构简单、连接可靠、装拆方便等优点，故在固定连接中应用广泛。

1. 装配技术要求

（1）保证有一定的拧紧力矩。绝大多数的螺纹连接在装配时都要预紧，以保证螺纹副具有一定的摩擦阻力矩，目的在于增强连接的刚性、紧密性和放松能力等。所以在螺纹连接装配时，应保证有一定的拧紧力矩，使螺纹副产生足够的预紧力。预紧力的大小与螺纹连接件材料预紧应力的大小及螺纹直径有关，一般规定预紧力不得大于其材料屈服极限的80%。对于规定预紧力的螺纹连接，常用控制转矩法、控制螺纹弹性伸长法和控制螺母转角法来保证预紧力的准确性。对于预紧力无严格要求的螺纹连接，可使用普通扳手、气动扳手或电动扳手拧紧，凭操作者的经验来判断预紧力是否适当。

（2）有可靠的防松装置。螺纹连接一般都有自锁性，在受静载荷和工作温度变化不大时，不会自行松脱。但在冲击、振动或变载荷作用下，以及工作温度变化很大时，为了确保连接可靠，防止松动，必须采取可靠的防松措施。常用的螺纹防松方法有双螺母防松、弹簧垫圈防松、止动垫圈防松、串联钢丝防松和开口销与带槽螺母防松等。

2. 装配要点（螺栓、螺母和螺钉）

（1）螺栓、螺钉或螺母与贴合的表面要光洁、平整，贴合处的表面应经过加工，否则容易使连接件松动或使螺钉弯曲。

（2）螺栓、螺钉或螺母和接触的表面之间应保持清洁，螺孔内的脏物应当清理干净。

（3）拧紧成组多点螺纹连接时，必须按一定的顺序进行，并做到分次逐步拧紧（一般分三次拧紧），否则会使零件或螺杆产生松紧不一致甚至变形。在拧紧长方形布置的成组螺母时，应从中间开始，逐渐向两边对称地扩展；在拧紧方形或圆形布置的成组螺母时，必须对称进行。

（4）装配在同一位置的螺栓或螺钉，应保证长短一致，受压均匀。

（5）主要部位的螺钉必须按一定的拧紧力矩来拧紧（可用扭力扳手紧固）。

（6）连接件要有一定的夹紧力，紧密牢固，在工作中有振动或冲击时，为了防止螺钉和螺母松动，必须采用可靠的防松装置。

（7）凡采用螺栓连接的场合，螺栓外径与光孔直径之间都有相当的空隙，装配时应先把被连接的上下零件相互位置调整好后，方可拧紧螺栓或螺母。

（二）键连接的装配工艺

键是用来连接轴和旋转套件（如齿轮、带轮、联轴器等）的一种机械零件，主要用于周向固定以传递转矩。它具有结构简单、工作可靠、装拆方便等优点，因此得到广泛应用。

键连接包括松键连接、紧键连接和花键连接等。其中松键连接所采用的键有普通平键、导向平键、半圆键三种。其特点是靠键的侧面来传递转矩，只能对轴上零件做周向固定，不能承受轴向力。如需轴向固定，则需附加紧固螺钉或定位环等定位零件。松键连接的对中性好，在高速及精密的连接中应用较多。

1. 松键连接的装配技术要求

（1）保证键与键槽的配合要求。由于键是标准件，键与键槽的配合是靠改变轴槽和轮毂槽的极限尺寸得到的。

（2）键与键槽应具有较小的表面粗糙度。

（3）键安装于轴槽中应与槽底贴紧，键长方向与轴槽应有 0.1mm 的间隙。键的顶面与套件的轮毂槽之间有 0.3～0.5mm 的间隙。

2. 松键连接的装配要点

（1）清理键及键槽上的毛刺。

（2）对重要的键连接，装配前应检查键的直线度误差以及轴槽对轴线的对称度和平行度误差等。

（3）对普通平键和导向平键，可用键的头部与轴槽锉配，其松紧程度应能达到配合要求。锉配键长应与轴槽保持 0.1mm 的间隙。

（4）在配合面上加机油时，注意将键压入轴槽中，使键与槽底贴紧，但禁止用铁锤敲打。

（5）试配并安装旋转套件的轮毂槽时，键的上表面应留有间隙，套件在轴上不许有周向摆动，否则在机器工作时会引起冲击或振动。

（三）销连接的装配工艺

销连接从用途上可分为定位销、连接销和安全销。定位销主要用来固定两个或两个以上零件之间的相对位置；连接销用于连接零件；安全销作为安全装置中的过载剪断元件。从形状上可分为普通圆柱销、圆锥销及异形销。销的结构简单，装拆方便，在各种固定连接中应用很广，但只能传递不大的载荷。

1. 圆柱销的装配工艺

圆柱销依靠少量过盈固定在孔中，用以固定零件、传递动力或作为定位元件。用圆柱销定位时，为了保证连接质量，通常情况下被连接件的两孔应同时钻铰，并使孔壁表面粗糙度达到 R_a1.6。装配时，在销子上涂上机油，用铜棒垫在销子端面上，把销子打入孔中，也可用弓形夹头将销子压入销孔。圆柱销不宜多次装拆，否则将降低配合精度。

2. 圆锥销的装配工艺

圆锥销具有 1:50 的锥度，定位准确、装拆方便，在横向力作用下可保证自锁，一般多用作定位，常用于需要多次装拆的场合。圆锥销以小头直径和长度代表其规格，钻孔时按小头直径选用钻头。装配时，被连接的两孔也应同时钻铰，但必须控制孔径，一般用试装法测定，以销钉能自由插入孔中的长度约占销子长度的 80%为宜。用锤敲入后，销钉头应与被连接件表面齐平或露出不超过倒角值。拆卸圆锥销时，可从小头向外敲击。对于带有外螺纹的圆锥销可用螺母旋出，带内螺纹的圆锥销可用拔销器拔出。

（四）过盈连接及其装配工艺

过盈连接是依靠包容件（孔）和被包容件（轴）配合后的过盈量，来达到紧固连接的目的。装配后，轴的直径被压缩，孔的直径被扩大，由于材料发生弹性变形，在包容件和被包容件配合表面产生压力。依靠此压力产生摩擦力来传递转矩和轴向力。过盈连接结构简单、同轴度高、承载能力强，并能承受变载和冲击力，还可避免配合零件由于切削键槽而削弱被连接零件的强度。但对配合表面的加工精度要求较高，装配和拆卸困难。

1. 装配技术要求

（1）有适当的过盈量。配合后的过盈量按被连接件要求的紧固程度确定。一般应选择配合的最小过盈量等于或稍大于连接所需的最小过盈量。

（2）有较高的配合表面精度。配合表面应有较高的形状、位置精度和较细的表面粗糙度。装配时，应注意保持轴孔的同轴度以保证有较高的对中性。

（3）有适当的倒角。为了便于装配，孔端和轴的进入端应有 5°～10° 倒角，长度视零件直径大小而定。

2. 装配工艺

（1）压装法。当配合尺寸较小和过盈量不大时，可选用在常温下将配合的两零件压到配合位置的压装法。对于 H/m、H/h、H/j、H/js 等过渡配合或配合长度较短的连接件，可用锤子加垫块敲击压入的方法，方法简单但导向性不好。用压力机进行压合时，其导向性比敲击压入好，适用于压装过渡配合和较小过盈量的配合。

（2）热装法。利用金属材料热胀冷缩的物理特性进行装配。将具有过盈配合的两零件加热，使之胀大，然后将被包容件装入到配合位置，待冷缩后，配合件就形成能传递轴向力、转矩或轴向力与转矩同时存在的结合体。热装的加热方法应根据套件尺寸的大小而定，可采用燃气炉或电炉加热、浸入油中加热或感应加热器加热等方法。

（3）冷装法。将被包容件用冷却剂冷却使之缩小，再把被包容件装入到配合位置。对小过盈量的小型配合件或薄壁衬套等可用干冰冷缩，对过盈量较大的配合件可采用液氮冷缩。与热装法相比，冷装法收缩变形量较小，因而多用于过渡配合，有时也用于过盈配合。

3. 装配要点

（1）注意清洁度。在装配前，要十分注意配合件的清洁度，若用加热或冷却法装配时，配合件经加热或冷却后，配合面还要擦拭干净。

（2）注意润滑。若采用压装时，在压合前，配合表面必须用油润滑，以免压入时擦伤配合表面。压入过程应连续，速度不宜太快，并需准确控制压入行程。压装时还要用 90°角尺检查轴孔的中心线的位置是否正确，以保证同轴度的要求。

（3）注意过盈量和形状误差。对于细长的薄壁件，要特别注意检查其过盈量和形状误差，装配时最好垂直压入，以防变形，压入速度也不宜过快。

过盈连接配合件的装配方法见表 1-1-1。

表 1-1-1　　过盈连接配合件的装配方法

过盈类型	配合公差	主要用途	装配方法
轻型过盈	H7/p6、H6/p5、H8/r7、H6/r5	精确定位，较少拆卸或不拆卸的配合，若需传递转矩时，要加紧固件	用钢锤击打或压力机
中型过盈	H8/s7、H7/s6、H6/s5、H7/t7、H7/t6、H6/t5	钢铁件的永久或半永久结合，传递较大负荷或动负荷时需加紧固件	压力机、热装、冷装
重型过盈	H8/u7、H7/u6、H7/v6	传递大的转矩或承受大的冲击负荷，不需加紧固件	热装、冷装
特重型过盈	H7/x6、H7/y6、H7/z6	承受很大的转矩和动负荷，目前较少使用	热装、冷装

三、轴承装配

（一）滑动轴承的装配工艺

滑动轴承是仅产生滑动摩擦的轴承，有动压滑动轴承和静压滑动轴承之分。动压滑动轴承又可分为半液体润滑滑动轴承和液体润滑滑动轴承。

目前广泛采用的是半液体润滑滑动轴承，这种轴承的轴颈与轴承的工作表面没有被润滑油完全隔开，只是由于工作表面对润滑油的吸附作用而形成一层极薄的油膜，它使轴颈与轴瓦表面有一部分直接接触，另一部分则被油膜隔开而不能直接接触。在一般情况下能保证正常工作，且结构简单，加工方便，故常用于低速、轻载、间隙工作的场合。常用的有整体式滑动轴承（又称轴套）和剖分式滑动轴承（又称轴瓦）。

1. 整体式滑动轴承（轴套）的装配

（1）清洁。将符合要求的轴套和轴承孔除去毛刺，并经擦洗干净之后，在轴套外径或轴承座孔内涂抹机油。

（2）压入轴套。压入时可根据轴套的尺寸和配合的过盈量选择压入方法。当尺寸和过盈量较小时，可用锤子敲入，但需要垫板保护；在尺寸或过盈量较大时，则宜用压力机压入。压入时，如果轴套上有油孔，应与机体上的油孔对准。直径较大或过盈量超过 0.1mm 时，如在常温下压装轴套，就会引起损坏，因此常用加热机体或冷却轴套的方法装配。加热或冷却时间的长短按零件的形状、尺寸和材料来确定。

（3）轴套定位。在压入轴套后，对负荷较大的轴套还要用紧定螺钉或定位销等固定。

（4）轴套的修整。对于整体的轴套，在压装后，内孔易发生变形，如内孔缩小或成椭圆形，可用铰削或刮削等方法，修整轴套孔的形状误差与轴颈保持规定的间隙（对因轴套外径过盈配合产生的压装后内孔缩小，工艺上采用在加工时放大内孔的方法补偿，见 Q/DZQ1120—2007《切削加工余量标准》第 4.2.8 条）。

2. 剖分式滑动轴承（轴瓦）的装配

（1）轴瓦与轴承座、盖的装配。上下轴瓦与轴承座、盖在装配时，应使轴瓦背与座孔接触良好，如不符合要求，对厚壁轴瓦应以座孔为基准刮削轴瓦背部，同时应注意轴瓦的台肩紧靠座孔的两端面，达到 H7/f7 配合，如太紧也需进行修刮。对于薄壁轴瓦则无需修刮，只要进行选配即可。为了达到配合的要求，轴瓦的剖分面应比轴承体的剖分面稍高，一般高 0.05～0.10mm。轴瓦装入时，在剖分面上应垫上木板，用锤子轻轻敲入，避免将剖分面敲毛，影响装配质量。

（2）轴瓦的定位。轴瓦安装在机体中，无论在圆周方向和轴向都不允许有位移，通常可用定位销和轴瓦上的凸台来止动。

（3）轴瓦孔的配刮。剖分式轴瓦一般多用与其相配的轴来研点，通常先配刮下轴瓦再配刮上轴瓦。为了提高配刮效率，在刮下轴瓦时暂不装轴瓦盖，当下轴瓦的接触点基本符合要求时，再将上轴瓦盖压紧，并拧上螺母，在配刮上轴瓦的同时进一步修正下轴瓦的接触点。对于配刮轴的松紧，可随着刮削的次数调整垫片的尺寸。均匀紧固螺母后，配刮轴能够轻松地转动，无明显间隙，且接触点符合要求即可。

（4）清洗轴瓦，然后重新装入。

（二）滚动轴承的装配工艺

滚动轴承由外圈、内圈、滚动体和保持架四部分组成。工作时，滚动体在内外圈的滚道上滚动，形成滚动摩擦。它具有摩擦阻力小、效率高、轴向尺寸小、装拆方便等优点，是近代机器中的重要部件之一。滚动轴承按轴承承受负荷的方向可分为向心轴承、推力轴承和向心推力轴承；按轴承的滚动体种类可分为球轴承和滚子轴承（圆柱滚子轴承、滚针轴承、圆锥滚子轴承、调心滚子轴承）。

1. 装配方法

滚动轴承的装配方法应根据轴承的结构、尺寸和轴承部件的配合性质而定。装配时的压力应直接加在待配合的套圈端面上，不能通过滚动体传递压力。

（1）当轴承内圈与轴颈为较紧的配合、外圈与轴承座孔为较松的配合时，可先将轴承装在轴上。压装时，在轴承端面垫上铜或较软的装配套筒，然后把轴承与轴一起装入座孔中。

（2）当轴承外圈与轴承座孔为较紧配合、内圈与轴颈为较松配合时，应先将轴承先压入座孔中，装配时使用的装配套筒的外径应略小于座孔直径。

（3）当轴承内圈与轴颈、外圈与座孔都是较紧配合时，装配套筒的端面应做成能同时压紧轴承内外圈端面的圆环，使压力同时传到内外圈上，把轴承压入轴上和座孔中。

（4）对于圆锥滚子轴承，因其内外圈可以分离，先分别把内圈装在轴上，外圈装在座孔中，然后装成一体。

（5）压入轴承时采用的方法和工具可根据配合过盈量的大小确定。配合过盈量较小时，可用手锤敲击；过盈量较大时，可用压力机压入，用压入法压入时应放上套筒。当过盈量过大时，可用温差法装配，热装时加热油温不得超过 100℃，冷装时冷却温度不低于－80℃。

注意：内部充满润滑脂带防尘盖或密封圈的轴承不能采用温差法装配。

2. 装拆注意事项

（1）滚动轴承上标有代号的端面应装在可见的部位，以便于修理更换。

（2）轴承装配在轴上和座孔中后，不能有歪斜和卡住现象。

（3）为了保证滚动轴承工作时有一定的热胀余地，在同轴的两个轴承中，必须有一个轴承的外圈（或内圈）可以在热胀时产生轴向移动，以免轴或轴承产生附加应力，甚至在工作时使轴承咬住。

（4）在装拆滚动轴承的过程中，应严格保持清洁度，防止杂物进入轴承和座孔内。

（5）装配后轴承运转应灵活无噪声，工作时温升不超过 50℃。

（6）对于拆卸后需重新使用的轴承，拆卸过程不能损坏其配合表面和精度，拆卸时严禁将作用力加在滚动体上。

任务二　工 器 具 的 使 用

【能力目标】

通过各种工器具性能和操作规程介绍，具备熟练操作风力发电机组安装中常用工器具的能力。

【知识目标】

1．熟悉风力发电机在安装与调试过程中需要的各种工器具。

2．掌握常用工器具的使用方法。

3．掌握工器具使用过程中的注意事项。

一、扳手

1. 梅花扳手

梅花扳手如图 1-2-1 所示。

图 1-2-1　梅花扳手

双头梅花扳手两端都为梅花形，用于拧转不同规格的螺栓或螺母。以铍青铜合金和铝青铜合金为材质，这两种特殊材质的产品在经过加工处理后都能起到同样的防爆作用，特别适合于在易燃易爆的工作场所使用。

（1）使用方法。

1）使用时可用扳手套头将螺栓或者螺母的头部全部围住。

2）然后用力扳动扳手另一头。

3）扳手扳动 30° 后，则可更换位置继续使用。

（2）注意事项。

1）梅花扳手类似于两头套筒扳手，适用于狭窄场合，使用时首先要选择合适的尺寸，尺寸不对，容易造成螺栓或者螺母滑牙。

2）使用时要将两端套头套牢螺栓或螺母，不能够倾斜或者只套进一小部分，这样会造成螺栓或者螺母滑牙。

2. 开口扳手

双开口扳手如图 1-2-2 所示。

（1）使用方法。

1）扳口大小应与螺栓、螺母的头部尺寸一致。

2）扳口厚的一边应置于受力大的一侧。

3）扳动时以拉动为好，若必须推动式，以防止伤手，可用手掌推动。

（2）注意事项。

1）多用于拧紧或拧标准规格的螺栓或螺母。

2）不可用于拧紧力矩较大的螺母或螺栓。

3）可以上、下套入或者横向插入，使用方便。

4）要区分公英制，不能混用，尺寸要选择合适，不能够用大尺寸扳手旋小螺栓。

3. 活动扳手

活动扳手如图 1-2-3 所示。

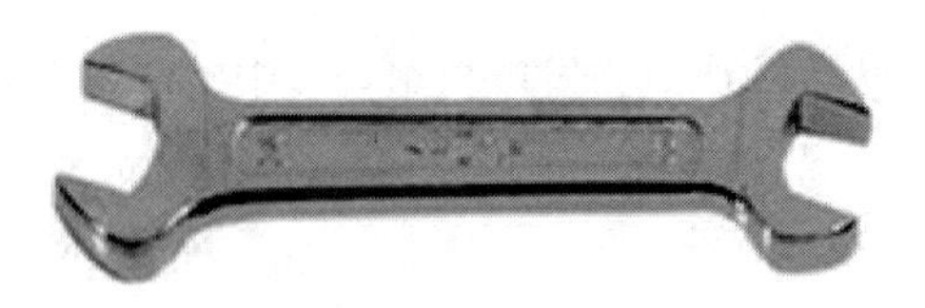

图 1-2-2 双开口扳手

图 1-2-3 活动扳手

活动扳手是一种旋紧或拧松六角螺钉或螺母的工具。常用的有 200mm、250mm、300mm 三种，使用时应根据螺母的大小选配。

（1）使用方法。

1）使用时，右手握手柄，手越靠后，扳动起来越省力。

2）扳动小的螺母时，因需要不断地转动涡轮，调节扳口的大小，所以手应握在靠近呆扳唇，并用大拇指调节涡轮，以适应螺母的大小。

（2）注意事项。

1）活动扳手的扳口夹持螺母时，呆扳唇在上，活扳唇在下，切不可反过来使用。

2）在扳动生锈的螺母时，可在螺母上滴上几滴煤油或机油，以便易拧动。

3）在拧不动时，切不可采用钢管套在活动扳手的手柄上来增加扭力，因为这样极易损伤活动扳唇。

4）不得把活动扳手当锤子用。

4. 电动套筒扳手

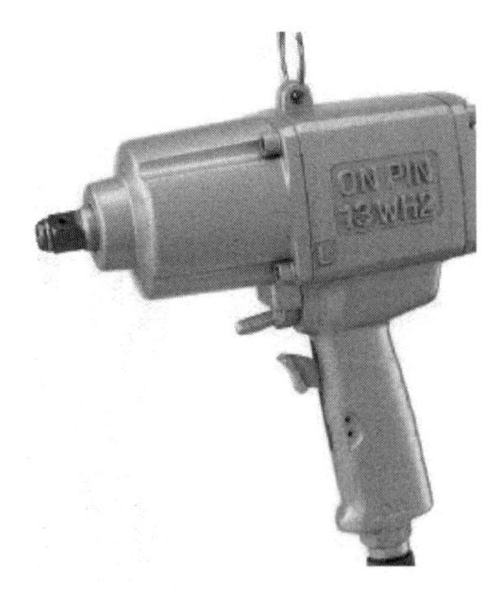

图 1-2-4　电动套筒扳手

电动套筒扳手如图 1-2-4 所示。生产车间经常使用的电动套筒扳手主要是从其最大紧固力矩上区分，分为：①200NW • M 电动扳手，1/2 英寸；②580N • M 电动扳手，3/4 英寸；③800N • M 电动扳手，1 英寸。

（1）电动套筒扳手的用途。

1）安装侧把手。

a．将侧把手装入锤子护盖上的凹锤，并牢牢固定，用于把手安装的凹槽共有两处，应根据工作实际要求将把手安装在适当的位置。

b. 必须根据螺栓和螺母选择正确套筒的尺寸，套筒的尺寸不正确将导致紧固扭矩不正确，有可能会造成螺栓或螺母受损。

2）安装和拆卸套筒。安装或拆卸套筒之前，必须关闭工具电源开关，拔下电源插头。

a．对于无 O 形环和销的套筒，安装套筒时，将其按压在工具的占座上直至完全就位；拆卸套筒时，只需将其拔下即可。

b．对于有 O 形环和销的套筒，将 O 形环移出套筒凹槽，取下套筒上的销，将套筒置于占座上，将套筒上的孔对齐，将销穿过套筒和占座上的孔，然后将 O 形环移回到套筒内的原始位置使销固定；需拆下套筒时，按安装的相反步骤进行。

（2）电动扳手的操作说明。

1）开关说明。

a．接通工具电源前，必须检查扳机开关是否工作正常并在释放时回到“OFF”位置，只有当工具完全停止后方可改变旋转方向，否则工具可能授损。

b．开关可反向操作实现顺时针方向旋转，按压板机开关的下部（A）侧可进行顺时针方向旋转，或按上部（B）侧进行逆时针方向旋转。松开扳机开关工具即停止，在工具上进行任何工作之前，必须关闭工具电源开关，并拔下电源插头。

2）注意事项。

a．使工具平直对准螺栓和螺母（图 1-2-5）。

b．紧固扭矩过大可能损坏螺栓/螺母或套筒，开始工作前，必须进行试运转以确定适用于螺栓或螺母的适当紧固时间；

c．紧固扭矩会受到包括下列因素的影响，紧固后请务必用扭矩扳手检查扭矩。

d．电压：电压降会导致紧固扭矩减小。

e．套筒：未使用正确尺寸的套筒会导致紧固扭矩减小。

f．已磨损的套筒（六角端或矩形端磨损）会导致紧固扭矩减小。

g. 螺栓：即使螺栓的扭矩系数和等级相同，适当的紧固扭矩同样会随着螺栓直径的不同而不同，即使螺栓的直径相同，适当的紧固扭矩同样会随着扭矩系数、螺栓等级和螺栓长度不同而不同。

h. 使用万向节或延伸杆会在某种程度上减少电动扳手的紧固力，可通过延长紧固时间进行弥补。

图 1-2-5　电动扳手操作示意图

i. 握持工具的方式、紧固位置的材质都会影响扭矩。

5. 液压扳手

液压扳手如图 1-2-6 所示。

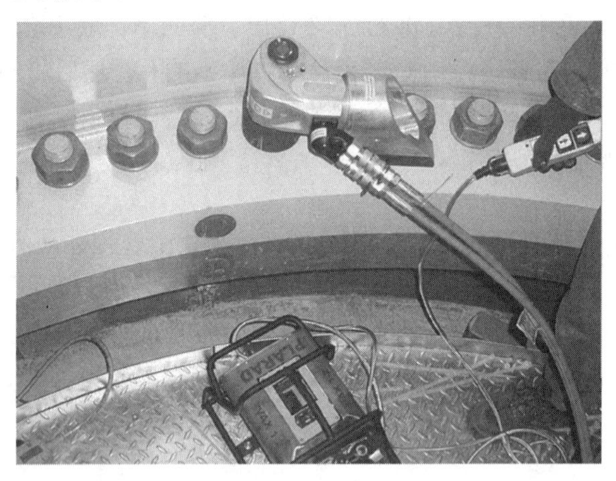

图 1-2-6　液压扳手

液压扳手使用时应注意以下事项：

（1）尽量使工作现场干净明亮，如工作现场的大气环境存在爆炸的可能，就要停止工作，以免电动泵发出火花引起爆炸。

（2）需认真调整反作用力臂，以免发生人身或紧固件的事故。

（3）避免工具的误操作，泵的操作遥控器只为操作者使用。

（4）避免触电，使用前应检查接地以及其他的接线。

（5）扳手不用时应保存好。

（6）油管不要弯折，经常检查油管，避免有杂物进入，如有损坏要更换。

（7）在工作时时刻注意，在电压不稳或其他的一些不稳定状态下不可用。

（8）使用前应确保液压连接件都连接良好，油管没有缠绕，方向正确，反作用力臂安装可靠，反作用点牢固可靠，人的手或衣物尽量不要放在不安全的地方。

6. 扭力扳手

扭力扳手如图 1-2-7 所示。

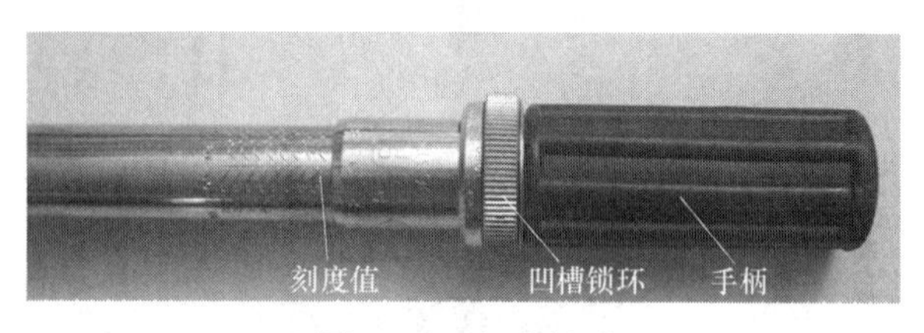

图 1-2-7　扭力扳手

（1）设置扭矩。

1）首先必须将凹槽锁环调在“打开 UNLOCK”状态，为此需单手握住手柄，然后顺时针转动锁环直至末端。

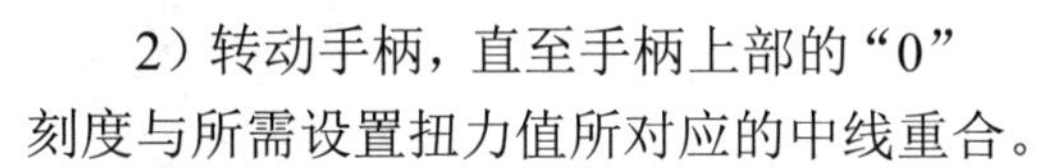

2）转动手柄，直至手柄上部的“0”刻度与所需设置扭力值所对应的中线重合。

3）若所需扭力值在两个示值之间，则继续转动手柄，直至扳手杆上示值之和等于所需设置的扭力值。

4）若锁紧扳手，则应单手握住手柄，然后逆时针转动锁环直至末端。

（2）正确的施力方法：

1）将套筒紧密安全地固定在扭力扳手的方头上，然后将套筒置于紧固件上，不可倾斜，施力时，手紧握住手柄中部，并在垂直扭力扳手、方头、套筒及紧固件所在公共平面的方向用力。

2）在均匀地增加施力时，必须保持方头、套筒及紧固件在同一平面上，以保证扳手在发出警告声响后读数的准确性。

（3）注意事项。

1）根据需要选择使用范围内的扭力扳手。

2）调整适当扭力前，须确认锁紧装置处于开锁“UNLOCK”状态，当锁环处于“LOCK”（锁紧）时切勿转动手柄（图 1-2-7）。

3）用扭力扳手前，请确认锁紧装置处于锁紧状态。

4）为了使扭力扳手可以再次使用（测试），务必以高扭矩力操作 5～10 次，以使其中精密部件能得到内部特殊的润滑剂的充分润滑。

5）保持正确的握紧手柄的姿势，握紧手柄，而不是扳手杆，然后平稳地拉扳手，使用时应缓慢平稳地施加扭力，严禁施加冲击扭力，施加冲击扭力除了对扭力扳手造成本身损伤外，还会大大超出设定的扭力值，损害螺母或工作。

（4）警告。

1）使用扭力扳手时，切勿倾斜扳手手柄（图 1-2-8），倾斜扳手手柄易导致扭力偏差，甚至损伤紧固件。拧紧紧固件时，请注意均匀平衡地施力于扭力扳手手柄上，随着力矩的不断增加，施力的速度相应放缓。

2）切勿当达到预置扭力继续旋力，当听到“咔哒”声响后立即停止旋力，以保证精度，延长扭力扳手的使用寿命，继续旋力除了会对扳手本身造成严重的损害外，还会使扭力大大超出所设定的扭力值，损坏螺母，当扳手扭力设定在较低扭力值时，“咔哒”声响可能轻于其设定的高扭矩值，因此较低扭力值操作时，要特别注意“咔哒”声。

7. 电动定扭矩扳手

电动定扭矩扳手如图 1-2-9 所示。

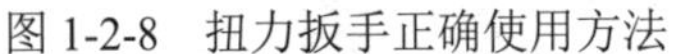

图 1-2-8　扭力扳手正确使用方法

图 1-2-9　电动定扭矩扳手

使用电动定扭矩扳手时应注意以下事项：

（1）使扭矩扳手保持垂直于扳手中轴线，以防止损坏套筒或避免出现边缘超载荷。

（2）将支撑栓插入孔中以避免损坏，在 alkitronic-EFR 的径向驱动上，扭矩扳手可以在与驱动方向成 90° 的角度上操作，一个固定套筒被电机驱动产生旋转，STA 用于改变套筒尺寸。扭力反作用由一个支撑螺栓承担，确保工作稳定、安全。

（3）绝对不得把手放在支撑螺栓荷热转换板之间，搬运扭矩扳手时必须努力抓紧。

（4）将电源与电源线断开。

（5）将扭矩扳手放在平整的表面上。

（6）移开 O 形橡胶圈和安全螺栓及销子，移除标准套筒。

（7）从扳手上移除反作用力臂。

（8）以相反操作更换配件。

（9）定扭矩电动扳手用于对重型螺栓的不间断拧紧和松开，它不能被用做搅拌器或钻孔器，这会损坏扭矩扳手或使操作人员受伤，避免在扭矩扳手上使用撬杆等工具。

二、激光对中仪

激光对中仪（图 1-2-10）广泛应用于风力发电机组齿轮箱高速输出轴与发电机输入的对中（图 1-2-11）。

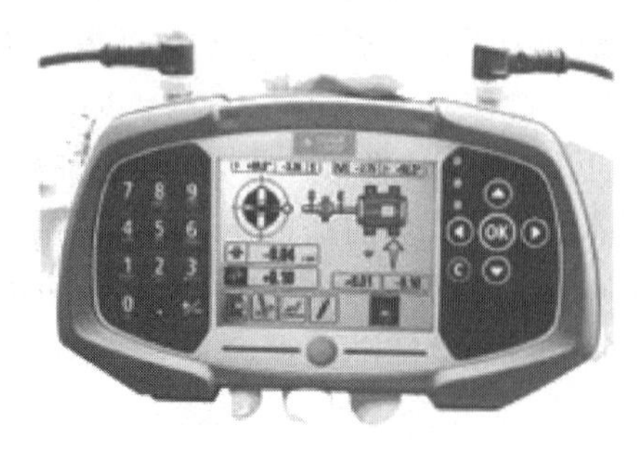

图 1-2-10　激光对中仪

激光对中仪演示视频

激光对中仪具有以下特点：

（1）简单的对中。只要盘车超过 40° 就能得到精确的结果，不用粗对中，即使盘车受限也能轻松地对中。

（2）快速的对中。清晰地显示位移值、角度值和调整值，并且实时监测功能使得对中数据在调整过程实时变化。

（3）预设偏差的对中。对中偏差预设的功能使得在冷态下对中也能实现轴在工作状态的 0 对 0。

图 1-2-11 在发电机对中时的调整

三、千斤顶

1. 液压千斤顶

液压千斤顶如图 1-2-12 所示。

（1）工作原理（图 1-2-13）。液压千斤顶所基于的原理为帕斯卡原理，即液体各处的压强是一致的。由人力或电力驱动液压泵，通过液压系统传动，用缸体或活塞作为顶举件。液压千斤顶可分为整体式和分离式。整体式的泵与液压缸连成一体；分离式的泵与液压缸分离，中间用高压软管相连。液压千斤顶结构紧凑，能平稳顶升重物，起重量最大达 1000t，行程 1m，传动效率较高，故应用较广；但易漏油，不宜长期支撑重物。如长期支撑重物，需选用自锁千斤顶，为进一步降低外形高度或增大顶举距离，螺旋千斤顶和液压千斤顶可做成多级伸缩式。液压千斤顶除上述基本型式外，按同样原理可改装成滑升模板千斤顶、液压升降台、张拉机等，用于各种特殊施工场合。

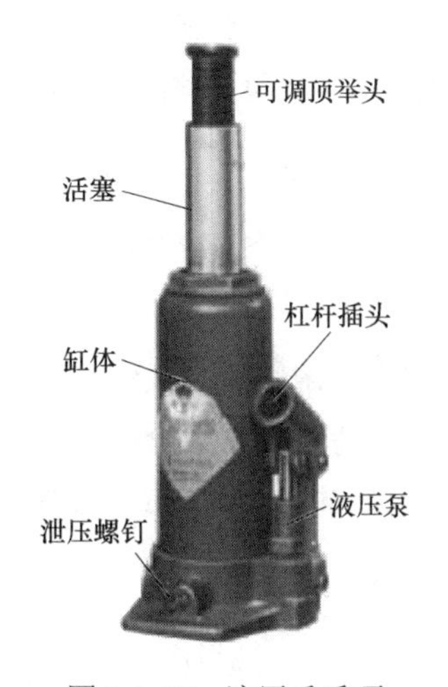

图 1-2-12 液压千斤顶

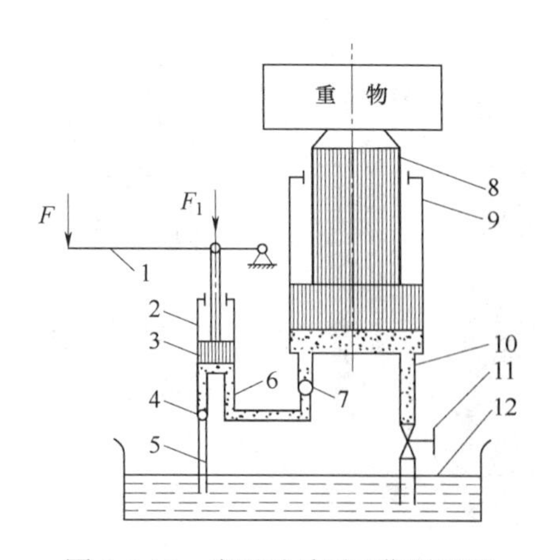

图 1-2-13 液压千斤顶工作原理图

1—杠杆手柄；2—小油缸；3—小活塞；4、7—单向阀；5—吸油管；6、10—管道；8—大活塞；9—大油缸；11—截止阀；12—油箱

（2）使用方法。

1）举升。顺时针转动千斤顶手柄，禁闭回油阀，将千斤顶置于车辆正确的预升部位下方，如需要，将千斤顶上的调整螺栓逆时针旋转直至其接触零部件，将千斤顶手柄插入手柄管套中，上下往复掀动手柄，直至将零部件升至理想高度。

2）下降。缓慢旋转回油阀，让车辆缓慢下降，卸下手柄，用手柄松开回油阀（缓慢地逆时针方向转动手柄松开回油阀）。

注意：切勿将回油阀松开超过两圈，零部件完全放下后，移动千斤顶（如果调整螺杆处于延伸状态，则需顺时针旋转其直至完全脱离零部件）。

3）加注液压油。千斤顶置于竖直状态；降低泵位和活塞，直至其处于完全松弛状态；取下千斤顶上的油塞；注意注入优质的液压油（直至注油孔的底边），排除空气；装上油塞，定期润滑传动链接触处及调整螺杆处。

4）从液压千斤顶系统中排除空气。打开回油阀；卸下油塞；迅速掀动泵芯几次，以排除空气；关上回油阀，装上油塞；

5）防锈。不使用千斤顶时，应将活塞杆、泵芯和调整螺杆保持在完全松弛的状态，尽量避免置于潮湿环境下，若不慎与潮湿环境接触，应擦干并润滑千斤顶的所有零件。

（3）注意事项。

1）使用前，务必仔细阅读所有的使用说明，切勿超出千斤顶的载荷作业。

2）本产品出产时的液压油压在－20°～＋45°环境下才能正常使用，用户如需在－20°以下使用，需要更换清洁低温合成锭子油。

3）使用时，小活塞上端有少量油沫存在，属正常现象，可起润滑活塞的作用。

4）起重前必须估计物体重心，选择千斤顶的着力点，放置平稳，同时还必须考虑地面的软硬程度，必要时应垫以坚韧的木板，以防起重时产生歪斜甚至倾倒。

5）本千斤顶仅供预升之用，重物顶起以后应立即采用坚韧的材料支撑（车辆支架、坚韧的木材或其他材料），以防万一。千斤顶的负荷也应均衡，否则将产生倾倒的危险。

6）若为油压千斤顶，则千斤顶必须保持足够的经过滤的工作油，否则将达不到额定的升起高度。

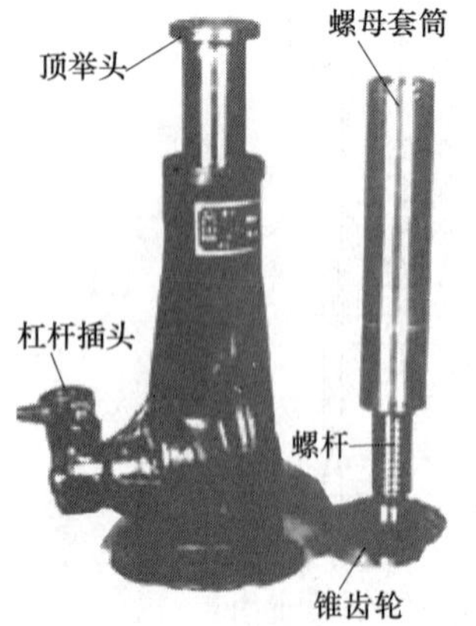

图 1-2-14 螺旋千斤顶

7）使用时应避免急剧的震动。

2. 螺旋千斤顶

螺旋千斤顶如图 1-2-14 所示。

（1）工作原理。螺旋千斤顶采用机械原理，以往复扳动手柄、拔爪即推动棘轮间隙回转，小伞齿轮带动大伞齿轮，使举重螺杆旋转，从而使升降套筒获得起升或下降，达到起重拉力的功能。但不如液压千斤顶简易。

（2）使用方法。

1）使用前必须检查千斤顶是否正常，各部件是否灵活，加注润滑油，并正确估计起重物的重量，选用适当吨位的千斤顶，切忌超载使用。

2）调整摇杆上撑牙的方向，先用手直接按顺时针方向转动摇杆，使升降套筒快速上升顶住重物。

3）将手柄插入摇杆孔内，上下往返掀动手柄，重物随之上升。

4）当升降套筒上出现红色警戒线时，应立即停止掀动手柄。

5）如需下降时，撑牙调至反方向，再掀动手柄，重物便开始下降。

（3）使用注意事项。

1）经常保持机体表面清洁，定期检查内部结构是否完好，使摇杆内小齿轮灵活可靠及升降套筒升降自如。

2）升降套筒与壳体间的摩擦表面必须随时揩擦上油，其他注油孔亦应定期加油润滑。

3）考虑使用安全，切忌超载、带病工作，以免发生危险。

四、角向磨光机

角向磨光机如图 1-2-15 所示。

图 1-2-15　角向磨光机

1. 使用方法

（1）在初次使用前，先检查主电压和定额扳手的主频率是否与供电电源相符。

（2）安装上侧手柄以及轮子防护罩。

（3）保持双手紧握机器。

（4）首先开启工具，然后在工件上进行操作。

（5）关闭机器后，待电机静止后再放置好机器。

2. 注意事项

（1）使用磨光机时，首先检查磨光机上的砂轮片及锁紧装置。

（2）使用磨光机时，必须远离易燃易爆物品，防止飞溅物引起火灾。

（3）使用磨光机时，用力应适当，防止砂轮片炸伤人。

五、静音吸尘器

静音吸尘器如图 1-2-16 所示。

1. 使用说明

（1）使用前，确定电源电压与本机额定电压相同。

（2）正确连接管，将长接头与钢管相接，短接头与桶身吸嘴相接，根据需要选择适当的尘刷与钢管另一端相接。

（3）使用时，请将电源线安放在桶身吸嘴后方。

（4）吸水时，必须在安装吸尘器袋后方可操作。

（5）应随时保持机体清洁干爽。

图 1-2-16　静音吸尘器

2. 注意事项

（1）清洗或维护机体前，应将插头从电源插座拔出。

（2）使用前应检查电源线，确定电源线无损坏后方可使用。

（3）如果电源线损坏或器具出现故障，不要自行拆卸。

（4）每次使用完毕后，应用清洁剂加温水彻底清洁吸尘袋并将吸尘袋吹干，严禁使用不干爽的吸尘袋。

（5）吸尘袋 2～3 年应更换一次。

（6）吸尘器电动机的炭刷每三个月检查一次。

六、空气压缩机

空气压缩机如图 1-2-17 所示。

图 1-2-17　空气压缩机

1. 使用方法

（1）接通气体管路，保证出气管路连接完好。

（2）出气管路连接完好后，先关闭出气阀，然后插上电源开启空压机。

（3）打开出气阀开始提供压缩空气。

（4）通过调整减压阀可以调整压缩空气压力。

2. 空气压缩机运转前需要检查的事项

（1）检查各部分的螺丝或螺母有无松动现象。

（2）皮带的松紧是否适度。

（3）润滑油面是否适当，油面应保持在观油镜两红标线之间或红圈之上、下缝隙间。

（4）电线及电器开关是否合乎规定，接线是否正确。

（5）电源的电压是否正确。

（6）压缩机皮带轮是否轻易可用手转动。

3. 压缩机运转时的注意事项

（1）检查完毕以上各点之后将排气阀门全开，然后按下启动按钮，使机器在无负荷状态下启动运转。

（2）检查运转方向是否和皮带防护罩上箭头指示方向相同，若不相同将三相电机的三根电源线中任意两根进行调换即可。

（3）启动后的 3min 左右若没有异常声音，则将阀门关闭，使排气储气罐中的压力渐次升高到预定的压力，再进行保护功能测试。

七、气动油脂加注泵

气动油脂加注泵如图 1-2-18 所示。

1. 工作原理

（1）以气源为动力，由气动元件控制，驱动气动泵和定量分油器工作，性能较稳定。

（2）适合装配 12. 5～20kg 的油桶，配有 1 个高压 55∶1 气泵、高压喉 Z 旋转接头及控制阀。

2. 注意事项

（1）不要随意放置，应放置在固定的位置。

（2）放置时要将油脂清理干净，并且做必要的防护，防止磕碰气泵体和气压表。

（3）如放置在油桶中，必须用防护膜覆盖整个桶面。

八、电焊机

电焊机如图 1-2-19 所示。

图 1-2-18　气动油脂加注泵

图 1-2-19　电焊机

1. 使用方法

电焊机必须绝缘良好，其绝缘电阻不得小于 1MΩ，否则不允许使用。不准任意搬动保护接地设备。工作前，首先检查接地线、导线有无损坏，电焊变压器的一次电源线要保证绝缘，其长度为 2. 5～3m。二次线应使用绝缘线，禁止将厂房或其他金属物体接起来做导线使用（含零线）。导线有接头不超过两个，要用绝缘布包好，电线不准放在人行道路上，要挂起来。电焊机用电焊变压器应该按照规定时间，间歇使用。

在电源为三相三线制或单相制系统中，电焊机外壳和二次线圈绕组引出线的一端应安装保护性接地线，接地电阻不得超过 4Ω；在电源为三相四线制中性点接地系统中，应安装保护性接零线，其接地线、接零线断面应稍大些。在电焊机二次线圈绕组引出线的一端接地或接零时，焊体本身不应接地，也不应接零，以防工作电流伤人或发生火灾。

在有接地线或接零线的工件上进行电焊时，应将焊件所用的接地线或接零线的接头暂时断开，焊完后再接上。在焊接与大地紧密相连的工件（如管路、房屋、金属、立柱、有良好的接地铁轨等）上进行电焊，且焊件接地电阻小于 4Ω时，则应将电焊机二次线圈绕阻引出线的一端接地线或接零线的接头暂时断开，焊完后再恢复。总之，不能同时接地或接零（指二次端和焊件）。

焊接中未发生电弧时，电压较高，要特别注意防止触电，调整电流或换焊条时，要放下电把进行。焊接工作结束后，要将电源切断。

2. 电焊使用中的注意事项

（1）必须穿戴好工作服、工作帽、手套、脚盖等，工作服不要束在裤腰里，脚盖应捆在裤脚筒里。

（2）在焊接和切割工作场所，必须有防火设备，如消防栓、灭火器、砂箱以及装满水的水桶。

（3）在非固定场所进行电焊作业必须先办理动火证，并要求设有监护人员和防火措施后，方可作业。

（4）高空作业应先办理高空作业许可证，施工人员应配戴安全带并遵守高空作业的其他有关规定。

（5）在潮湿地点及金属容器内进行作业时，要穿绝缘鞋并站在胶垫上。照明灯使用 12V，电焊、尖钳绝缘，使用具有滤光镜的面罩，防止电弧射伤眼睛和烫伤面部。

（6）工作地点要用屏风围起来，以免电弧、紫外线和火花溅飞渣射伤其他人员。

（7）工作地点周围不要准放易燃易爆物品，严禁焊接未消除压力的容器和带有危险性的爆炸物品。

（8）在高空或井筒内焊接时，要有人在场监护，系好安全带，并用铁板隔开，防止火花焊渣飞溅引起火灾。

（9）禁止焊接有油污和盛放易燃易爆气体等的容器物品。

（10）禁止在不停电的情况下检修、清扫电焊机或更换保险丝，以防触电。

（11）严格按照焊机铭牌上标的数据使用焊机，不得超载使用。

（12）应在空载状态下调节电流，焊机工作时，不允许长时间短路。

（13）用焊机前，应检查焊机接线是否正确，保证电流范围符合要求、外壳接地可靠、焊机内无异物后，方可合闸工作。

（14）工作时，焊机铁芯不应有强烈振动，压紧铁芯的螺丝应拧紧。焊机及电流调节器的温度不应超过 60℃。

（15）加强维护保养工作，保持焊机内外清洁，保证焊机和焊接软线绝缘良好，若有破损或烧伤应立即修好。

（16）定期由电工检查焊机电路的技术状况及焊机各处的绝缘性能，如有问题应及时排除。

（17）施工人员在施工过程中应谨防触电，注意不被弧光和金属飞溅物伤害，预防爆炸。

（18）当焊接或切割工作结束后，要仔细检查焊接场地周围，确认没有起火危险后，方可离开现场。

九、砂轮机

砂轮机如图 1-2-20 所示。

砂轮机的使用注意事项如下：

（1）使用砂轮机、砂轮片应选择恰当型号，扭紧。

（2）砂轮机运动平衡方可使用。

（3）使用砂轮机应避免正面使用，应站在砂轮侧面。

（4）砂轮主轴若有弯曲式螺纹，则不能使用，防止砂轮跳动碎裂。

（5）使用砂轮不能磨削过重物体，防止砂轮爆裂。

（6）磨削时不能用力过猛，避免伤人。

（7）使用完毕后，应关闭电源。

十、台式钻床

台式钻床如图 1-2-21 所示。

1. 安全注意事项

（1）加工工件时，严禁戴手套，工件夹紧要牢固，钻小件应用工具夹持，不能用手夹钻。

图 1-2-20　砂轮机

图 1-2-21　台式钻床

（2）对于旋转刀具，手不准触摸，不准翻转、卡压或测量。

（3）手动进给，不要用力过猛。

（4）钻头上有长铁屑时，要停车用铁钩清除，禁止风吹或手拉。

（5）主轴竖直布置的小型钻床可安放在作业台上。

2. 钻床配件

钻床配件如图 1-2-22～图 1-2-25 所示。

一般直柄麻花钻用高速钢制造。镶焊硬质合金刀片或齿冠的直柄麻花钻适于加工铸铁、淬硬钢和非金属材料等，整体硬质合金小直柄麻花钻用于加工仪表零件和印刷线路板等。

对于丝锥的材质，早期是工具钢，目前大多使用的是高速钢、硬质合金等。工具钢丝锥只适合手工攻螺纹和小批量生产，现在已很少使用。高速钢在近 600℃的高温下仍具有很高的硬度，这使它的抗磨性大大优于工具钢。

图 1-2-22　钻头

图 1-2-23　丝锥

板牙按材料分类有工具钢板牙（用于镀锌管、无缝钢管、圆钢筋、铜材、铝材等加工丝口用）、高速钢板牙（用于不锈钢管、不锈钢圆帮加工丝口）。英制板牙（BSPT）的牙角度为 55°，美制板牙（NPT）的牙角度为 60°。

图 1-2-24　板牙

图 1-2-25　板牙架

十一、增力包

增力包如图 1-2-26 所示。

图 1-2-26　增力包

使用增力包的注意事项如下：

（1）在使用之前应首先检查增力包所有的部件是否完好。

（2）在使用过程中严禁将手指处于反作用力臂上。

十二、直式磨机

直式磨机如图 1-2-27 所示。

使用直式磨机的注意事项如下：

（1）使用前，应检查铭牌上的电压和频率是否与电源一致。

（2）使用前，首先要确保研磨物料合适和安全，在安全情况下，先启动电动工具 30s

进行空转。当发现工具振动或有其他异常时，马上关闭电动工具，进行必要的检查。

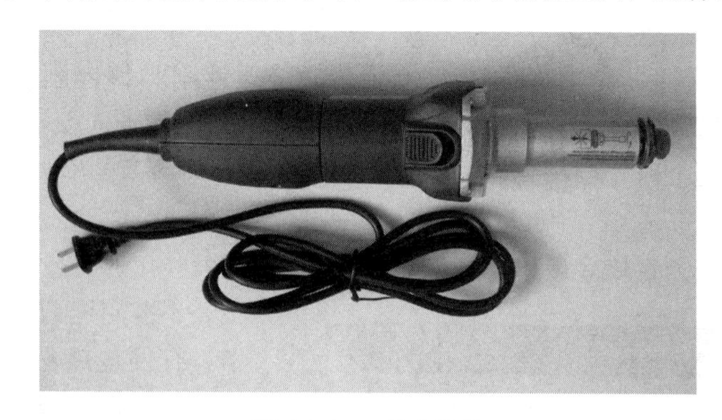

图 1-2-27　直式磨机

（3）直式磨机用于金属的精确研磨，亦可用于研磨塑料、硬木等。

（4）当不使用或电压不足时，须开启启动开关锁，以防止无意识地启动电动工具。

（5）不能抓住转动工具，只有当机器停止运转时，才能去除转动工具上的物料屑片。

（6）使用时，双手握紧手柄，严格按照要求佩戴安全护目镜以及耳罩，禁止佩戴手套。

（7）因为直式磨机转速较快，所以在使用时应双手用力，以防止直式磨机脱手。

（8）工作时，须确保溅出来的火花不会对自己和其他工作人员构成威胁，并且不会点燃易燃物品。

十三、热风枪

热风枪如图 1-2-28 所示。

热风枪主要用于去除旧油漆、烘干新油漆、为水管解冻、对塑料进行变形前加热、塑料焊接等。

图 1-2-28　热风枪

使用热风枪的注意事项如下：

（1）严禁向排气管内探视。

（2）严禁将热风枪对准易燃物品，如操作不当，将会引起火灾。

（3）严禁用热风枪烘干头发，请随时佩戴护眼镜和工作手套。勿将热风枪长时间对准同一位置。

（4）使用热风枪的工作场所必须通风良好。

（5）热风枪使用完成之后，先将其置于支撑面上冷却，然后才可收存！不要触摸发烫的排气管。

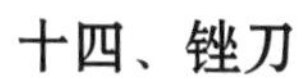

十四、锉刀

锉刀如图 1-2-29 所示。

锉刀是用碳素工具钢 T12 或 T13 经热处理后，再将工作部分淬火制成的。主要用于锉制或修整金属工件的表面和孔、槽。根据截面形状分为齐头扁锉、尖头扁锉、方锉、三角锉、半圆锉、圆锉等。

1. 使用方法

（1）右手握锉刀柄，左手握住锉刀之前端，一般锉削和精锉削握法略有不同。

（2）锉削的姿势和锯削相同，锉削时身体应保持平稳，锉刀应保持水平，不可摇晃。往前锉削时用力，退回时不要用力。

2. 注意事项

（1）不准用新锉刀挫硬金属。

（2）不准用锉刀挫淬火材料。

（3）有硬皮或粘砂的锻件和铸件，须在砂轮机上将其磨掉后，才可用半锋利的锉刀锉削。

（4）新锉刀先使用一面，当该面磨钝后，再用另一面。

十五、钢钳

1. 斜口钳

斜口钳如图 1-2-30 所示。

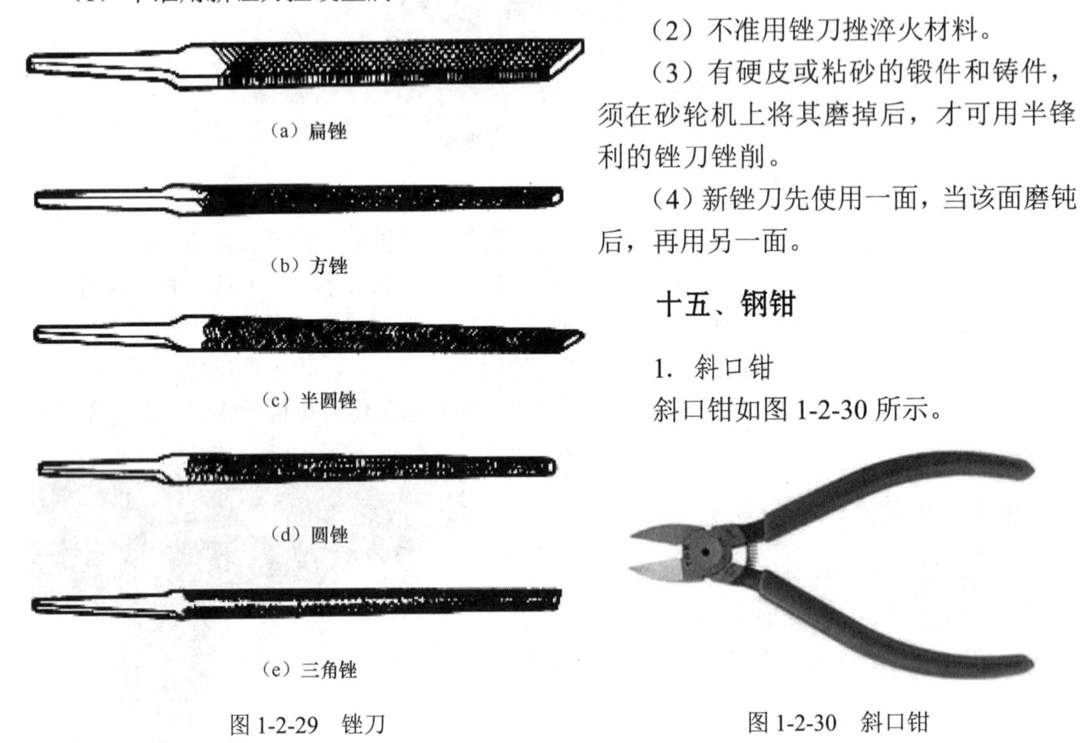

（a）扁锉　（b）方锉　（c）半圆锉　（d）圆锉　（e）三角锉

图 1-2-29　锉刀

图 1-2-30　斜口钳

（1）用途。斜口钳主要用于剪切导线和元器件多余的引线，还常用来代替一般剪刀剪切绝缘套管、尼龙扎线卡、扎带、胶带等。

（2）使用方法。使用时先将所要剪短的物品放入刀口内，然后用力捏紧两个剪柄。

（3）注意事项。

1）不能用斜口钳剪断较粗较硬的物品（如钢丝、钢片），以免弄伤刀口。

2）剪线时钳口朝下以免剪断的物品伤到人。

3）剪导线扎带时要小心以免伤到导线。

2. 尖嘴钳

尖嘴钳如图 1-2-31 所示。

（1）用途。尖嘴钳主要用来剪切线径较细的单股与多股线，以及给单股导线接头弯圈、剥塑料绝缘层等，不带刃口者只能用于夹捏工作，带刃口者能用于剪切细小零件。

（2）使用方法。一般用右手操作，使用时握住尖嘴钳的两个手柄夹持或剪切工作。

（3）注意事项。

1）使用时注意刃口不要对向自己，以免受到伤害。

2）不使用时要保存好，防止生锈。

3. 剥线钳

剥线钳如图 1-2-32 所示。

图 1-2-31　尖嘴钳

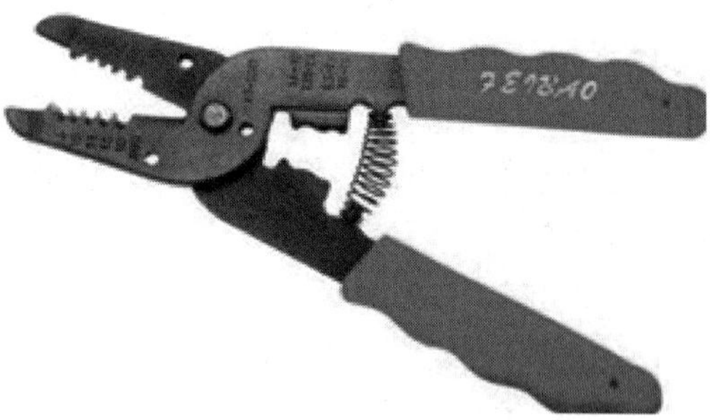

图 1-2-32　剥线钳

（1）用途。剥线钳在制作细缆时是必备的工具，它的主要功能是用来剥掉细缆导线外部的两层绝缘层。

（2）使用方法。

1）根据缆线的粗细、型号，选择相应的剥线刀口。

2）将准备好的电缆放在剥线工具的刀刃中间，选择好要剥线的长度。

3）握住剥线工具手柄，将电缆夹住，缓缓用力使电缆外表皮慢慢剥落。

4）松开手柄，取出电缆线，这时电缆金属整齐露出外面，其余绝缘塑料完好无损。

（3）注意事项。

1）操作时须戴上护目镜。

2）为了断片不伤及周围的人和物，须确认断片飞溅方向后再进行切断。

3）必须关紧刀刃尖端，放置在幼儿无法触及的安全的地方。

4. 卡簧钳

（1）种类。卡簧钳分为内卡簧钳（图 1-2-33）和外卡簧钳（图 1-2-34）。

图 1-2-33　内卡簧钳

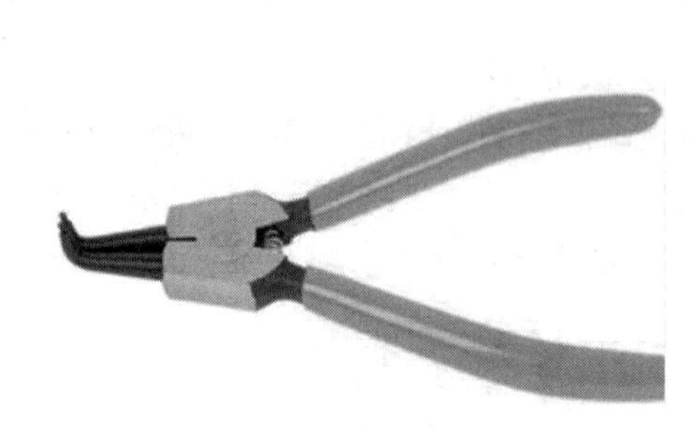

图 1-2-34　外卡簧钳

（2）用途。卡簧钳主要用于安装和拆除卡簧，在车辆制造和机械行业中用于对轴承的固定或者孔内轴承固定。

（3）使用方法。

1）内卡簧钳。使用时，先将手柄张开，使头部尖嘴能够完全插入卡簧孔内，然后稍稍捏紧手柄，使卡簧直径变小到能够放入轴承固定孔内即可。

2）外卡簧钳。使用时，先调整头部尖嘴使其完全插入卡簧孔，然后用力捏紧手柄，使头部尖嘴张开卡簧直径变大，然后套在轴承外围，松开手柄即可。

（4）注意事项。

1）卡簧钳要根据标识的可接受卡簧直径来选用，如果超过该直径可能会崩坏卡簧钳。

2）小型卡簧钳的顶端很容易过载，因此在取出卡簧钳之前先松开张紧的卡簧。

5. 压线钳

压线钳如图 1-2-35 所示。

（1）用途。压线钳可用于压制各种线材，主要用来压制接线端子。

（2）使用方法。

1）将导线进行剥线处理，裸线长度约 1. 5mm，与压线片的压线部位大致相等。

2）将压线片的开口方向向着压线槽放入，并使压线片尾部的金属带与压线钳平齐。

3）将导线插入压线片，对齐后压紧。

4）将压线片取出，观察压线的效果，掰去压线片尾部的金属带即可使用。

6. 大力钳

大力钳如图 1-2-36 所示。

图 1-2-35　压线钳

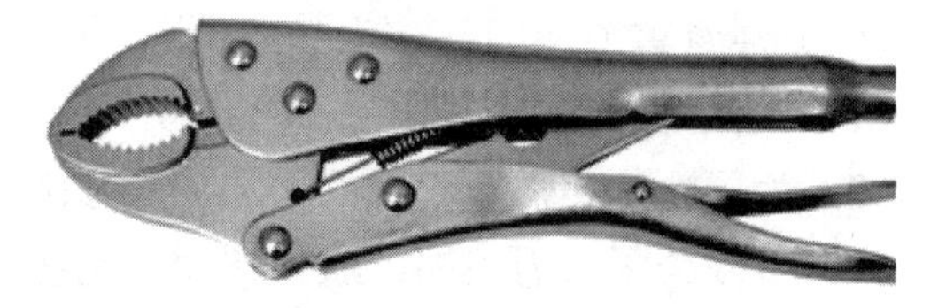

图 1-2-36　大力钳

（1）用途。主要用于夹持零件进行铆接、焊接、磨削等加工，其特点是钳口可以锁紧并产生很大的夹紧力，使被夹紧零件不会松脱，而且钳口有很多档可调节位置，供夹紧不同厚度的零件使用。另外，大力钳也可作为扳手使用。

（2）使用方法。

1）调整尾部钳口调节螺丝，将钳口调整到合适省力的位置。

2）张开钳口，钳住机械部件，双手紧握钳柄用力旋动钳子即可松动部件。

（3）注意事项。大力钳钳柄只能用手握，不能用其他方法加力。

十六、轴承加热器

轴承加热器如图 1-2-37 所示。

1. 操作说明

（1）按 START 键启动加热，如需保持温度则在按 START 键前按温度保持即可。

图 1-2-37 轴承加热器

轴承加热器视频

（2）如采用时间控制模式，在开机后只需按下时间控制键即可进入时间控制模式（按上下键选择时间）。

（3）采用时间控制模式时，无需再用温度传感器，应将温度传感器从工件取下，以延长其使用寿命。

2. 注意事项

（1）只能在 380V 电压下使用。

（2）严禁空载启动加热装置。

（3）在按 START 前确保上扼到位。

（4）当采用温度控制模式时，应将传感器吸附在工件内侧上，接触面应保持干净。若出现 E03 提示，应检查传感器是否接好或是否由于加热工件太大所造成；若反复提示，应检查传感器是否已损坏。

（5）易受磁场影响的物品应远离。如心脏起搏器、助听器、磁带及磁卡等物品，安全距离为 2m。

3. 技术性能

（1）工作条件为 380V 的交流电压，最大工作电流为 63A，工作频率为 50～60Hz。

（2）工作模式为温控（0～240℃）和时间控制（0～99min 59s）两种设置，有温度保持功能。

（3）加热工件范围为：加热工件内径大于 85mm，外径小于 1100mm，加热工件最大厚度为 350mm。

十七、超低温冷冻柜

超低温冷冻柜如图 1-2-38 所示。

1. 操作须知

冷冻柜不能用于下列物体的冷冻或试验：

（1）爆炸物品。爆炸性的硝酸酯，爆炸性的硝基化合物，有机氧化物。如硝化甘油、消化甘醇、消化纤维物、三硝基甲苯、三硝基苯酚、三硝基苯、甲基乙基甲酮过氧化物和过乙酸等物品。

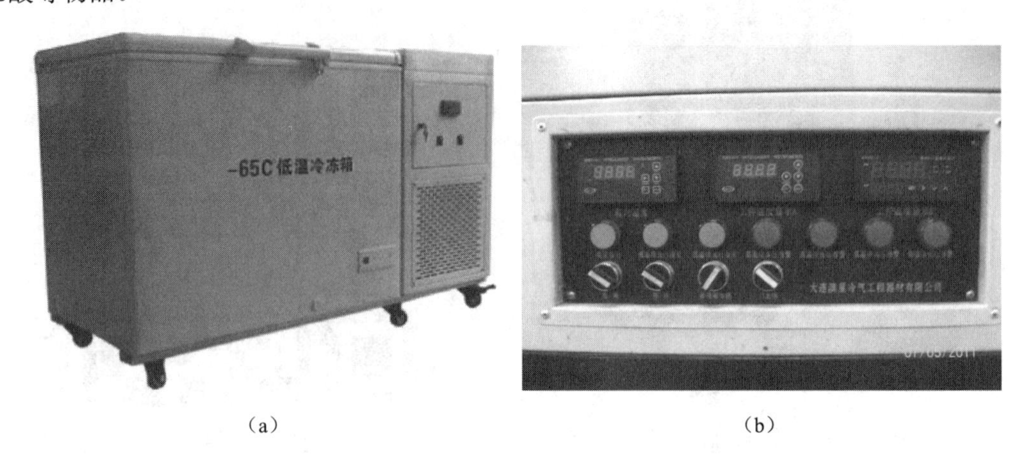

（a）　　（b）

图 1-2-38　超低温冷冻柜

（2）可燃易燃物品。如金属锂、钠、磷、电石、镁粉、铝粉、氧化物性质类、乙醚、汽油、二硫化碳、普通乙烷、氧化乙烯、苯以及燃点不到-30℃以上的物质。

（3）燃烧气体。如氢、乙炔、乙烯、甲烷、丙烷、丁烷及其他在温度为 15℃时易燃的气体。

2. 技术条件

（1）环境条件。

1）温度为－15～35℃。

2）相对湿度为不大于 85%。

3）大气压为 86～106kPa。

4）周围无强烈震动。

5）无阳光直射或其他热源直射。

6）周围无强烈气流，有气流的时候不应直接吹箱体。

7）周围无强电磁场影响。

8）周围无高浓度粉尘及腐蚀性物质。

（2）供电条件。电压为 3 相 380V 三相五线制；频率为 50±0. 5Hz。

（3）技术参数。最大消耗功率为 5. 8kW；温度可调范围为－40～－65℃；温度波动度为±1℃；温度允许偏差为±3℃；升温速率为不大于 0. 5℃/min；降温速率为（0. 3～0. 7℃）/ min；风速为不大于 1. 5m/s。

3. 工作过程

超低温冷冻柜制冷系统采用二级复叠式，由两台半封闭压缩机（一台使用 R22，另一台使用 R23）组成，由蒸发冷凝器使二级系统发生连接，利用 R22 来冷凝 R23，最后获得低温。

（1）高温级系统（R22）。进入蒸发冷凝器的制冷剂 R22 液体吸收了制冷剂 R23 在蒸发冷凝内缩放出的热量而气化，气化后被压缩机吸入并压缩，排出到冷凝器内放热，放热后凝结成液体，液态的 R22 制冷剂，由冷凝器出来通过过滤器、膨胀阀重新进入蒸发冷凝器中吸热气化，如此不断循环。

（2）低温级系统（R23）。制冷剂 R23 在蒸发器内吸收了工作室内的热量而气化，气化后的蒸气被压缩机吸入，压缩机排出到蒸发冷凝器内放热而凝结成液体，由蒸发冷凝器出来的液体制冷剂通过过滤器、膨胀阀重新进入蒸发器。制冷剂不断重复循环而制冷，在停车时，制冷剂 R23 通过单向阀进入膨胀容器，以降低系统压力。

4. 使用注意事项

（1）机器的电源线必须单独供电，不能和其他设备共用一组电源线。

（2）冷冻柜采用风冷散热，使用时需注意风冷器上的叶片运转方向，冷冻箱应向外排风，不可向内吸风，否则会引起不制冷。

5. 冷冻柜的维护保养

（1）制冷机组应避免在短时间内（约 5min 以内）频繁开关运转。

（2）进入冷冻柜的冷冻物的温度不应该高于环境温度，使用时尽量减少开门次数。

（3）控制箱内的风机开关为低温蒸发器风机开关，正常工作时在关的位置，除霜时开启，化霜后需重新关闭，否则将会导致风机长期运转。

（4）对设备的镀涂层应经常做防腐措施，以防受蚀，在设备的外表面用汽车蜡上光。

（5）电动机需经常检查和清洁，避免积灰，表面温度异常（高于 70℃）时应停机检查，进行相应的更换配件、润滑及紧固等。

（6）不要随意拆装电器元件及设备零部件，以免损坏电气控制线路，造成人为故障。

（7）储存使用设备时，周围无易燃、易爆及腐蚀性物质。

（8）低温冷冻箱长时间工作时，工作室内蒸发器会结霜，冻结翅片造成降温速度下降或降不下温度，此时应停机使蒸发器霜化掉后再开制冷机。

十八、电动平车

电动平车如图 1-2-39 所示。

使用电动平车时的注意事项如下：

（1）轨道表面需要保持清洁，严禁堆放杂物，轨道连接处需保持光滑。

（2）操作人员必须接受过相应的安全培训，车辆严禁载人，车辆装卸货物时操作人员应保持安全距离。

（3）遥控器的安全距离在 60m 之内。任何情况下都不能将车辆行驶出该范围。

图 1-2-39 电动平车

（4）除维修和操作人员，除开关、电压表外，一般员工请勿碰触电控箱上的任何部件。

（5）严禁车辆满载高速运行时紧急制动，防止货物倾倒，造成安全事故。

（6）改变车辆运行方向时应待车辆停稳后进行。

（7）蓄电池电压低于 40V 时，应及时充电或更换备用蓄电池。

十九、QD 系列蓄电池牵引车

图 1-2-40 QDD30 蓄电池牵引车

QDD30 蓄电池牵引车如图 1-2-40 所示。

牵引车使用和维护要点如下：

（1）操作人员在作业前需检查电压表指数是否在允许范围内，制动系统是否灵活可靠，各部分机构是否断损；紧固件松动，润滑油渗漏等异常现象以及检查换向开关、喇叭、方向灯、刹车灯等是否正常。

（2）不得超负荷牵引，在正常行驶中，不允许踏着加速器进行换向，防止损坏机件与烧毁主线路并发生安全事故，紧急情况下可利用此功能进行制动。

（3）在行驶中，出现不良噪声和发热时，必须及时检查原因，予以排除，严禁带病操作。

（4）车辆在转弯、倒车和进入库房时必须减速，响喇叭。

（5）蓄电池不宜经受强烈震动，故车辆应在平坦、干燥、硬质道路上行驶；车辆无防爆装置严禁在易爆场所工作。

（6）制动液为蓖麻油 50%和丙酮 50%的溶液，禁止用矿物油。

（7）作业完毕，司机必须关闭电锁，手制动，方可离去。

（8）蓄电池组电压 48V 降至 42V 或更低，单个蓄电池电压低于 1. 75V 时，应停止使用。长期不使用时应定期维护充电。

（9）EV100 蓄电池车用调速斩波器使用时的注意事项详见说明书。

二十、二液型液体吐出控制机

二液型液体吐出控制机如图 1-2-41 所示。

1. 操作注意事项

（1）计量吐出操作方法。按下计量吐出键，踩下脚踏开关，直到终端单向阀有液体流出（踩一下脚踏开关，设备运行一次，若持续踩踏，设备会连续运行）。

（2）搅拌操作方法。按下主搅拌键，搅拌运行（料筒内的原料黏度在 3000Pa・s 以上时，应打开加热器及搅拌装置，以降低原料黏度），再次按下主剂搅拌键，搅拌停止。

图 1-2-41 二液型液体吐出控制机

（3）原料注入方法。采用真空吸料，添加原料不得超过料桶总容积的2/3。

（4）真空脱泡方法。

1）关闭料桶下方球阀及桶盖上上的球阀。

2）将吸真空软管分别插于吸真空球阀和真空泵接头并固定。

3）将真空泵电源线接好后，按下控制面板的真空泵按键运行。

4）缓慢打开桶盖上吸真空阀，在负压下观察树脂反应是否剧烈，如剧烈需打开排气阀使之达到稳定状态，如在此情况下树脂依然沸腾请关闭桶盖上真空球阀；以上情况多次反复直至树脂稳定。

注意：如猛然打开吸真空球阀，原料在压力骤降时会引发剧烈沸腾，极易被吸入真空泵而引起故障。脱泡完成后，应首先关闭真空球阀，再按下真空泵按键，真空泵上的放气阀会自动打开，使吸真空软管内恢复到大气压。

5）脱泡所需时间根据原料性质而定。正常吐出料桶为常压状态。

2. 二液型液体吐出控制机的日常检查

（1）驱动部经常进行润滑。

（2）定期确认密封圈是否拧紧（对有泄漏的地方确认）。

（3）严禁烟火，注意换气。

（4）由于树脂易粘附、易污染，应用心清扫。

（5）请保持住气压0.5～0.7MPa。

（6）定期拔下过滤调压阀的放水阀。

（7）洗净时请一定要进行混合器及FDV-LWA的分解清洗。

（8）向原料罐内和洗净罐内倒入原料时一定要卸掉罐内压力，确认压力为零后再倒入原料。

（9）注意洗净阀手柄的位置。

（10）泵单向阀中如果杂物阻塞过多不能正常运动，要定期进行分解清洗，将两侧拧下，即可将内部分解，阀芯如变形请及时更换。

二液型液体吐出控制机故障及对策见表1-2-1。

表1-2-1　　二液型液体吐出控制机故障及对策表

（混合不良或固化现象应考虑事项对策）

事项	内容和对策
进入混合器时，主剂和硬化剂的吐出动作不同步	即使主剂和硬化剂的计量正确，如进入混合器的时间有明显偏差，也会发生混合不良现象，导致废品产生。 原因和对策：①原料桶中的树脂不足造成计量泵吸入空气；②检查原料桶下球阀及吐出阀是否处于关闭状态；③检查中间位置的调整是否有偏差；④检查泵部配管是否被阻塞。检查以上内容后再进一步确认
原料特性或管理有问题时	主剂或硬化剂有自身硬化的特性，在此情况下进入混合器就会发生混合斑现象，料筒内树脂的填充物混入过多时（40%以上）不能很好进行混合时，也会发生硬化不良现象。 对策：确认操作工艺和原料的使用方法

泵故障原因及对策见表1-2-2。

表 1-2-2　　泵故障原因及对策

故障内容	原　　因	对　　策
不出液	活塞磨损	更换活塞
	活塞脱落	拧紧活塞
	活塞破损	更换活塞
	单向阀不动作	单向阀分解洗净或更换
	气缸压力低	增大压力
	黏度高	加大管径
活塞磨损	有硬质添加物	使用陶瓷、或 SIC 活塞
吐出量不稳定	有行程误差	确定行程
	原料密度不均匀	进行搅拌
	混入空气	排掉空气
	树脂和金属反应	确认树脂性质
	活塞磨损	更换
	单向阀没动作活塞后退时泵内吸入空气，再次吐出时吐出量减少	单向阀分解洗净，部分有磨损时更换
从密封滑动部漏液	密封划伤	更换密封件
	密封没有压紧	拧紧密封调整丝
	添加物磨损使其间隙变大	使用陶瓷、或 SIC 活塞及活塞杆
	密封件到了使用年限	更换密封件

二十一、半臂龙门吊

半臂龙门吊如图 1-2-42 所示。

1. 操作注意事项

（1）操作前应仔细检查行车各个部件的实时状况，防止事故发生，如传动机构、安全开关、工作声响和钢丝绳等部件。

图 1-2-42　半臂龙门吊

（2）专人持证操作，启动时应发出警告信号。

（3）操作控制器手柄时先从0位转到第一挡，然后逐渐增速或减速，换向时必须先逐步转回到0位，待行车停稳后，再反向操作。

（4）接近卷扬限位器，速度要缓慢，不能用倒车代替停车，不能用紧急开关代替平时停车操作。

（5）半臂吊停歇时不得将重物悬空；严禁吊物从人头上越过。

（6）同一跨度内若两台起重机需同时工作时，应保持1.5m距离，以防相撞。工作需要时，最小距离应在0.3m以上。

（7）十不吊原则。①指挥信号不明确和违章指挥不吊；②超载不吊；③工件和吊运物捆绑不牢不吊；④工件上有人或工件上放有活动物品不吊；⑤安全措施不齐全、不完好、动作不灵敏或有失效者不吊；⑥工件埋在地下或与地面建筑物、设备有钩挂时不吊；⑦光线隐暗视线不清不吊；⑧有棱角吊物无保护措施不吊；⑨斜拉歪拽工件不吊；⑩起吊前必须检查U形吊环固定牢固，否则不吊。

2. 半臂龙门吊变频器维护与检查。

半臂龙门吊变频器如图1-2-43所示，应对其进行日常检查、定期检查，对其部件进行定期维护，使系统处于工作状态，应确认以下事项：

图1-2-43 半臂龙门吊变频器

（1）电机是否有异常声音及振动。

（2）是否有异常发热。

（3）环境温度是否太高。

（4）输出电流的监视显示是否大于通常使用值。

（5）安装在变频器下部的冷风扇正常运行。

（6）定期维护时务必切断电源，经过前外罩上指定的时间后，在CHARGE指示灯熄灭后进行。断电后勿匆忙接触端子，防止触电。

需对半壁龙门吊变频器进行检查的项目见表 1-2-3。

表 1-2-3 检 查 项 目

检查项目	检 查 内 容	故障时的对策
端子、螺丝、跳线	螺丝是否松动	拧紧螺丝、重新安装
散热片	是否有垃圾或灰尘	干燥空气清除（4～6kg）
印刷电路板	有无导电性灰尘及油污	
冷却风扇	有无异常声音和振动，累计运行时间是否超过 2 万 h	更换冷风扇
功率元件	是否附有垃圾和灰尘	干燥空气清除
平滑电容器	是否变色、异臭等现象	更换电容器或变频单元

3. 部件更换标准

（1）冷却风扇 2～3 年更换一次。

（2）平滑电容器检查后 5 年更换一次（检查后决定）。

（3）保险丝 10 年更换一次。

（4）电路板上的铝制电容器 5 年更换一次（检查后决定）。

（5）制动继电器类根据实际检查情况决定是否需要更换。

二十二、开放式喷砂机

图 1-2-44 开放式喷砂机

开放式喷砂机如图 1-2-44 所示。

1. 日常维护和保养

（1）定期排放清理空气过滤器中的水分、杂质，必要时及时更换。

（2）定期检查喷砂机有无漏气现象，若发现漏气应及时修补。

（3）定期检查喷砂管是否完好，有无漏气、裂纹、老化等现象，并及时更换。

（4）定期检查喷嘴口径的磨损情况，必要时进行更换。

（5）喷砂机长期不用时，应排空磨料，拆下喷砂管件妥善放置，置于干燥处。

（6）喷砂机作为压力容器应定期进行压力容器检查。

2. 注意事项

每天工作完成后，须认真清理、检查、保养好机器。

（1）严禁喷头对人对己。

（2）定期检查各配件是否完好。

（3）不能在雨天使用，不能将机器打湿。

（4）喷砂机在工工作和压力状态时不能移动设备，不准在罐体上敲击和进行其他工作。

（5）设备闲置时，将各胶管盘好，设备擦拭干净。

（6）磨料必须是干燥、少粉尘、少杂质的磨料。

3. 故障排除

（1）无气：①检查是否打开主气源开关；②检查流量调节阀；③检查是否砂阀堵塞。

（2）效率低：①检查压力气量是否符合要求，空压机是否正常工作；②检查喷枪已磨损；③检查磨料是否与气体混合不好；④检查磨料材质、硬度、目数是否选择不当。

（3）砂罐内不加压：①检查气源开关是否打开；②检查砂托是否拧紧；③检查密封垫是否有破损；④检查手孔是否拧紧。

（4）喷砂不连续：①检查砂罐内砂量是否过多或过少；②检查压力、气量是否能满足喷砂要求。

二十三、蓄电池电瓶叉车

蓄电池电瓶叉车如图 1-2-45 所示。

图 1-2-45　蓄电池电瓶叉车

1. 必要的定期维护

（1）检查接触器触点的磨损情况。若触点变得太硬或磨损严重，应更换，接触器触点应三个月检查一次。

（2）检查踏板加速器微动开关，测量微动开关两端电压值。微动开关闭合时应没有电阻，释放时应有清脆的声音。微动开关应每隔三个月检查一次。

（3）检查电机、电池及斩波器之间的连接情况。线路表面接触应处于良好状态，对于破损的零部件、元件、导线应及时更换。线路应每隔三个月检查一次。

（4）接触器机械运动应活动自如且不粘连。接触器的机械动作应每隔三个月检查一次，检查由专人完成，所有配置应是原型号，其他安装应根据说明书要求进行。

（5）电瓶额定电压和斩波器上所标的电压值一定要相同，如电瓶电压过高会导致斩波器 MOS 管击穿，电压过低会阻碍斩波器工作。

（6）需要对蓄电池充电时，请将电瓶与电控总成部分完全脱离开，禁止将充电机插头与电控插头对插。

（7）电控总成的电源线极性不能接反，否则会损坏斩波器。

（8）在维修过程中对车辆突然冲出、大电流、电弧、铅酸蓄电池液体飞溅等现象要有自我保护意识。

2. 司机手册

（1）司机持证上岗，专人专车操作及维护；使用适应环境的油。

（2）保证蓄电池在寒冷季节的正常充电条件，电解液凝固点约为－35℃，凝固的电解液会损坏电池壳体要防止电解液凝固，至少要充电到总容量的 75%，最有效的方法是保持比重为 1.260，但不要高于此值。冷却系统装有 50%总容量的长效防冻液，凝固点为－35℃。

（3）在炎热的夏季，对水箱和冷却系统应加倍注意，将车停在阴凉处；需要随时补充蒸馏水，每周检查一次，当周围温度较高时，应将蓄电池比重降到 1.22 左右。

（4）蓄电池产生的气体会爆炸，应远离明火易爆等危险源。

（5）禁止野蛮驾驶，严格按照操作手册驾驶，安全行驶。

（6）维修轮胎时必须先放气，后拆螺栓，否则会发生危险。

（7）蓄电池电解液不要加得太多，溢出会造成漏电。

（8）蓄电池不能被雨水打湿，否则会损坏蓄电池或造成失火。

（9）蓄电池不正常的现象有蓄电池发臭、电解液变脏、电解液温度变高、电解液减少速度过快等。

（10）作业启动前应做如下检查：液压油的油量（液面在应在油位计上下刻度线的中间位置），管路、接头、泵阀是否有泄漏或损坏，行车制动（手动时叉车满载能在 15° 的坡道停住），仪表、照明、开关及电气线路工作是否正常。

（11）蓄电池温度严禁超过 55℃，表面保持干燥清洁。

蓄电池电瓶叉车制动系统故障诊断见表 1-2-4，转向系统故障诊断见表 1-2-5，液压系统故障诊断见表 1-2-6。

表 1-2-4　　蓄电池电瓶叉车制动系统故障诊断

问题	产生原因分析	排 除 方 法
制动不良	制动系统漏油	修理
	制动蹄间隙未调好	调节调整器
	制动器过热	检查是否打滑
	制动鼓与摩擦片接触不良	重调
	杂质附在摩擦片上	修理或更换
	杂质混入制动液中	检查制动液
	制动踏板（微动阀）调整不当	调整
制动器有噪声	摩擦片表面硬化或杂质附着其上	修理或更换
	底板变形或螺栓松动	
	摩擦片磨损	
	制动蹄片变形或安装不正确	
	车轮轴承松动	

续表

问题	产生原因分析	排　除　方　法
制动不均	摩擦片表面有油污	修理或更换
	制动蹄间隙未调好	
	分泵失灵	
	制动蹄回位弹簧损坏	
	制动鼓偏斜	
制动不力	制动系统漏油	修理或更换
	制动蹄间隙未调好	调节调整器
	制动系统中混有空气	放气
	制动踏板调整不对	重调

表 1-2-5　　蓄电池电瓶叉车转向系统故障诊断

问题	产生原因分析	排　除　方　法
方向盘转部动	油泵损坏或出故障	更换
	胶管或接头损坏或管道堵塞	更换或清洗
方向盘重	安全阀压力过低	调整压力
	油路中有空气	排除空气
	转向器复位失灵，定位弹簧片折断或弹性不足	更换弹簧片
	转向缸内漏太大	检查活塞密封
叉车蛇形或摆动	弹簧断或无弹力	更换
工作噪声大	邮箱油位低	加油
	吸入管或滤油器堵塞	清洗或更换
	转向油缸导向套密封损坏或管路或接头损坏	更换

表 1-2-6　　蓄电池电瓶叉车液压系统故障诊断

多路阀		
故　　障	原　　因	修　理　方　式
起升油路压力不能提高	滑阀卡滞	分解后清洗
转向油路压力大于规定值	油孔堵塞	
振动、压力上升慢	滑阀卡滞，排气不充分	分解清洗和充分排气
达不到规定油量	溢流阀调整不妥	调整
有噪声	滑动面磨损	更换溢流阀
漏油（外部）	O 形密封圈老化或损坏	更换密封圈
设定压力低	弹簧和阀面坏	更换和调整
漏油（内部）	阀座面坏	修正阀座面
设定压力高	阀门卡滞	分解后清洗

二十四、转子通用翻身工装

1. 工装的安全性说明

（1）操作人员应熟练掌握遥控器按钮所对应工装吊具的动作，并在安全距离外进行操作。

（2）经常检查工装吊具的紧固件及摩擦面的润滑情况，及时补充润滑油脂，检查减速箱的润滑油状况，不足时及时补充。

（3）对工装吊具进行维修或保养，一定要切断电源。

（4）工装吊具在使用后，应停放在配套的安防架上。

（5）无论是空载还是重载，都不能撞击其他物体。

（6）工装吊具使用时吊具下面禁止站人，不得在其他设备上方操作工装。

2. 工装的维护

（1）两侧悬臂在上横梁两端的行走是靠电机、减速箱、扭矩限制器、螺杆、螺母传动，当侧悬臂走到一定位置时，行程开关动作使电机停电，如行程开关失效，侧悬臂顶到位时，电机仍未停止，则扭矩限制器内的摩擦片会打滑，从而保护电机，但打滑时间不宜长，否则摩擦片会发热烧坏。

（2）侧悬臂上端球形支撑的上表面装有加油孔用来润滑球形面；球形支承下有铜条，铜条上有槽，作为球形支承滑动摩擦时的润滑；螺杆螺母副和链轮条副均需每周用 2 号锂基润滑脂润滑 2～3 次。上横梁两端的轴承及侧悬臂下端的轴承每六个月补充一次 2 号锂基润滑脂。

（3）上横梁两端各有一台减速机，侧悬臂两端各有一台减速机，应经常检查减速机的润滑油油量，当油量低于标线时应及时补充。

（4）工装不使用时，应停放在专用搁架上。使用一段时间后，当按下开合按钮却不见侧悬臂移动，排除电机原因后，用扳手将扭矩限制器的三颗螺钉同时旋紧 45°～60°，或再重复一次即可。

二十五、桥式起重机

桥式起重机如图 1-2-46 所示。

1. 日常检查

（1）检查带钩滑车。检查吊钩是否能自由地向各个方向移动，检查是否有安全栓并是否有效，检查缆芯是否能自由而平滑地旋转。

（2）检查起升限位开关。

（3）检查按钮控制器。检查按钮是否松动或破损，检查所有按钮和开关的功能与用法是否正常，检查紧急按钮是否能正确操作。

（4）检查钢丝绳。检查钢缆是否有被扭绞、压坏、腐蚀；检查钢绳是否已放入缆索卷筒槽和缆芯。

（5）检查紧急按钮。测试期间，勿在起重葫芦工作时按下紧急按钮。测试紧急停止功能的正确方法是：在空挡状态下按下紧急停止按钮，确保按钮无法启动任何动作。

图 1-2-46 桥式起重机

桥式起重机的故障诊断见表 1-2-7。

表 1-2-7 **桥式起重机的故障诊断**

故 障	可 能 原 因	校 正 行 为
起重葫芦不工作	没有连接电源	打开电源供电/释放急停按钮/按下启动按钮
	保险丝烧了	更换保险丝
	起升机过热，温度传感器组织操作	等待电机冷却，避免不必要的重复短时启动
	动作达到极限位置	驱动离开极限位置
	一相死了（没有电压）	维修供电电源
起重葫芦可以工作，但是不能提升负载	吊钩上的负载太大了	检查吊钩上的负载是否超过最大允许负载
负载向下滑动	起升刹车磨损了	更换
起重葫芦动作方向错误	电源相位接错了	交换电源两个相位的顺序
不移动或者噪声太大	在轨道上有障碍物	清理轨道
	移动控制有故障	维修人员处理

2. 操作注意事项

（1）操作人员必须穿戴公司所要求的劳保用品，留长发的员工需要把头发扎起或系到工作帽中。

（2）严禁戴手套操作遥控器。

（3）维护人员因工作原因需上行车顶端维护检修时，维护人员必须穿戴安全衣和佩戴安全帽等必需的高空作业防护用品。

（4）维护人员所用的工具必须放置在工作包中，禁止随意放置，防止坠落伤人。

（5）维修前必须切断行车主控开关，悬挂“正在检修禁止合闸”安全标识。

（6）高空作业完毕，需仔细检查所带物品有无遗漏在行车上，清理工作现场，保持干净整洁的状态。

二十六、加热工装

加热工装如图 1-2-47 所示。

图 1-2-47　加热工装

1. 操作注意事项

（1）将高效加热装置吊起时，必须将高效加热炉电源切断，并且要将高效加热炉炉盖上的电源连接器拆除，以防止将高效加热炉炉盖吊起时将电缆扯断。

（2）高效加热炉在加热过程中，如需对发电机转子进行操作，首先必须切断电源，在对发电机转子进行操作过程中绝不可触碰加热板，以免烫伤。

（3）高效加热炉炉盖总重量约 3.5t 左右，加热炉下部重量约 3t 左右，所以在起吊时必须选择合适的吊带进行吊运。

（4）因为高效加热装置是采用分两半制作完成，然后在生产现场进行组装，所以应不定期对所有的连接螺栓进行检查，尤其要注意检查离心风扇叶轮，看有无松动，如有松动必须立即紧固后方可使用。

2. 维护注意事项

（1）保养要求。

1）保持工装表面整洁，每周对工装表面进行一次除尘打扫。

2）保持工装面漆的完整，如有面漆脱落，及时补面漆。

3）每八个月对炉用电机轴承进行一次加脂。

（2）电气检查保养要求。

1）每月对控制柜内的电气元件进行除尘处理。

2）每月对控制柜内线路进行检查，检查线路是否有虚接、断路、短路。

3）每月对控制柜内电气元件进行检测，检测电气元件是否能正常工作。

4）每月对加热器进行检查，测量阻值及对地绝缘情况。如发现有损坏或者异常加热器，应及时更换。

5）每月检测温度传感器是否正常，传感器线无损伤，若有损伤，应及时更换。

6）每月查看工业连接器接线，保证接线无松动、虚接、断路、短路。

7）每月检测各仪表工作状态及参数设置是否正确，发现有损坏仪表时应及时更换，若发现仪表参数有误时应及时更正。

二十七、磁力钻

磁力钻如图 1-2-48 所示。

1. 注意事项

（1）磁力钻在运转工作中，严禁清扫、调整各传动部位。

（2）清除钻头的铁屑时，必须停机后用刷子清扫，严禁直接用手清扫。

（3）直流断电保护器保证蓄电池电能充足，电能不足时不得在高处、侧面、顶面进行加工作业。

图 1-2-48　磁力钻

（4）工作中严禁使用杠杆或在手柄上加套管作业，防止用力不均磁力钻重心转移，机身倾翻。

（5）操作中遇有运转不灵、吸力不足、声音异常应立即停止作业，检查故障，修复后再用。严禁带电修理。工作完毕，要切断电源。

（6）机具的绝缘电阻应定期用 500V 的兆欧表测量，如带电部件与外壳电阻达不到 2MΩ 时，必须进行维修处理。

（7）电气部分经维修后，需要进行绝缘电阻测量和进行绝缘耐压实验。

（8）移动磁力钻时，不要拉扯电线和提着转动部分。

（9）工件夹装必须牢固可靠，钻小件时，也应用工具夹持，不准用手拿钻。

（10）钻头缠有长铁屑时，要停机用刷子清除或铁钩钩出，禁止用风吹或用手拉。

（11）加工深孔或打孔要经常提钻头清理断屑，防止钻头折断。

（12）使用细长钻头防止钻头甩弯打人。

2. 使用后的注意事项

（1）作业完毕，清理机具，检查各处连接螺栓是否松动后，放置在干燥处。

（2）各转动部位加注润滑脂，避免零部件失油损坏。

图 1-2-49　手动液压升降车

二十八、手动液压升降车

手动液压升降车如图 1-2-49 所示。

1. 零部件装配要求

（1）所有零部件必须经过检验合格方可使用。

（2）油缸泵等处的运动配合面及密封原件不允许有影响密封性能的划痕和缺陷。

（3）叉车滚轮及侧向钢球与门架导向槽之间的间隙应不大于 1mm。

（4）手柄、车轮以及其他转动零部件应转动灵活，不允许有卡滞现象，起升油缸中的柱塞在全行程中应平稳地起升和下降，特别在无负荷时，货叉应能在从最高处自由下降到最低处。

2. 液压系统的技术要求

（1）双作用的手摇臂的容积效率应不低于92%。

（2）在额定载荷及超载25%的状态下，液压系统不得有漏油和泄漏等现象。

（3）安全阀必须调整至当超载20%时全开启的位置。

二十九、液压升降平台

液压升降平台如图1-2-50所示。

液压升降平台的维护保养规程如下：

（1）检查所有的液压管道和接头。管道不能有破损，接头不能有松动，必须将所有接头拧紧。

（2）各部分均加注一些润滑油，延长升降机轴承的使用寿命；检查液压升降机车轮、中间轴及轴承、油缸销轴及轴承、臂架铰轴及轴承等有无磨损。

（3）首先确保液压系统任何部位之间先卸压，以避免压力油喷出，升降机太突然下滑。

（4）不得任意调整溢流阀。液压升降机系统中的每个元件都是在设定压力下工作的，任意调整溢流阀后，可能造成液压系统非正常运转。

（5）在升降机工作平台下面检查时，必须吊住平台上部，支撑升降机工作平台，防止下降。

（6）非专业维修人员不得随意拆卸电器，防止触电或误接。

（7）拆开升降机下降阀，用压缩空气将柱塞吹干净，然后装入，重新安装。

（8）油质检查和更换。如发现液压油变暗、发黏或者砂砾等异物，应及时更换。把液压油放尽后，拧紧接头取出油过滤器，清洗后，用压缩空气清理干净，然后放回油箱，并连接好管路，换上新油（旧油会使各活动部件加速磨损）。

三十、气动拉铆枪

气动拉铆枪如图1-2-51所示。

图1-2-50 液压升降平台

图1-2-51 气动拉铆枪

1. 操作注意事项

（1）在调整、安装或更换枪嘴前应拔掉气源。

（2）切勿对着人员开启工具。

（3）使用时确保工具使用的气路畅通，气阀不被堵塞。

（4）操作工具前，应站在稳定的位置。

（5）在没有枪嘴、油塞或油流出螺丝时，请不要操作工具，防止意外发生。

（6）操作人员穿戴好必要的防护用品。

（7）工具可动部件应保持干燥和清洁，以保证最佳装配效果。

（8）移动工具时，应将手离开扳机，以免触碰开关。

（9）应避免过多地接触液压油，养成及时擦拭的习惯。

2. 气源的要求

（1）为了增加工具的使用寿命，工具使用的压缩空气最佳压力为 5. 5bar（1bar=100kPa）。

（2）在气管上加装自动润滑过滤系统，最好距工具 3m 以内，工具的工作压力不得大于 7bar。

3. 行程的调节

为了保证铆接效果最好，行程调节十分必要，通常通过调节后盖完成。

（1）缩短行程，将后盖顺时针旋转。

（2）增长行程，将后盖逆时针旋转。

（3）后盖从螺纹面逆时针方向不要多于五圈，直到达到最佳铆接效果为止。

4. 保养

（1）供气系统未安装油水分离器，应在工具进气口滴一些轻质润滑油进行润滑。

（2）检查是否漏气，如气管及接头损坏，请及时更换。

（3）如调压阀上未安装过滤器，在通气源前应先放气清洁气道内的灰尘和积水。

（4）定期拆解机体更换内部磨损的部件，所有 O 形圈都需要更换并加油脂润滑。

三十一、工业除湿机

工业除湿机如图 1-2-52 所示。

操作工业除湿机时注意事项如下：

（1）若系统较长时间不需运行，应切断总电源。

（2）若出现故障或不明原因停机，必须查明原因或排除故障后方可再次开机。

（3）正常使用期间不应切断除湿机电源，以保证开机前压缩机能得到充分预热（压缩机充分预热时间为 8～12h）

图 1-2-52 工业除湿机

三十二、磁钢模具

磁钢模具如图 1-2-53 所示。

(a)

(b)

图 1-2-53 磁钢模具

使用磁钢模具时注意事项如下：

（1）清洁工装表面，并检查有无磕碰、磨损、划痕及腐蚀。

（2）检查工装有无变形。

（3）检查工装焊缝有无开裂。

三十三、兆瓦机试验驱动柜

兆瓦机试验驱动柜如图 1-2-54 所示。

1. 操作前的注意事项

（1）检查发电机过程控制文件，确认发电机总装配工作全部完成合格，发电机与运输台车之间的连接螺栓完成紧固。

（2）发电机上不得有任何异物，如大布、刀片、扳手等。

（3）检查转子舱门与闸体的空间位置，确保二者在转动时不会干涉。

（4）必须严格检查发电机锁定装置，确定处于非锁定状态才可操作实验，严禁锁定状态做实验。非锁定状态的标准为：锁定销顶端端面应低于铜套端面。

2. 其他安全事项

（1）试验前必须用防护围栏将试验区域进行隔离且应有专人监护，严禁与试验无关的人员进入试验区域，更不得在试验区域内滞留。

（2）安装和拆除试验动力电缆连接前，须确认控制电路电源断开，接触器断开后方可操作。

三十四、发电机吊梁

发电机吊梁如图 1-2-55 所示。

操作发电机吊梁前注意事项如下：

（1）清洁吊梁表面，并检查有无磕碰、磨损、划痕、掉漆及腐蚀。

（2）检查吊梁有无变形。

（3）检查吊梁焊缝有无开裂。

（4）检查专用吊环有无变形、磨损和腐蚀。

图 1-2-54　兆瓦机试验驱动柜

图 1-2-55　发电机吊梁

（5）检查钢丝绳是否有断丝、变形和腐蚀。

（6）检查两端钢丝绳长度。

习 题 与 思 考 题

1．简述装配的重要性。

2．装配的方法有哪些？

3．装配工艺过程由几部分组成？

4．过盈连接的装配方法有哪些？都有何特点？

5．零部件的装配工艺有哪些？

6．滚动轴承的装配工艺有哪些特点？

7．风力发电机组安装过程中常用的扳手有哪些？

8．简述液压千斤顶和螺旋千斤顶的区别。

9．轴承加热器使用时的注意事项有哪些？

10．电瓶叉车制动系统故障诊断产生的原因及排除方法有哪些？

学习情境二　风力发电机组机舱的安装与调试

任务一　机 舱 部 件 介 绍

【能力目标】

1. 能熟练掌握机舱部件组成。
2. 能熟练掌握机舱中各部件的工作位置和功能。

【知识目标】

1. 掌握机舱各部件的工作过程和工作原理。
2. 掌握风力发电机组技术参数及其意义。

一、风力发电机组整机介绍

风力发电机组整机一般由塔架总成、机舱总成、发电机总成、叶轮总成等部分构成，其结构如图 2-1-1 所示。

1. 技术参数

以 1500kW 永磁直驱风力发电机组为例，其技术参数如下：

（1）机型：水平轴、上风向、三叶片、变桨距调节、直接驱动、永磁同步发电机。

（2）额定功率：1. 5MW。

（3）风轮直径：70m/77m/82m。

（4）轮毂中心高：65m/70m/85m（根据塔架高度）。

（5）切入风速：3m/s。

（6）额定风速：11m/s。

（7）切出风速：25m/s（10min 均值）。

（8）旋转速度：9～19r/min。

（9）最大抗风：59. 5m/s（3s 均值）。

（10）控制系统：计算机控制，可远程监控。

（11）工作寿命：不小于 20 年。

（12）制动系统：

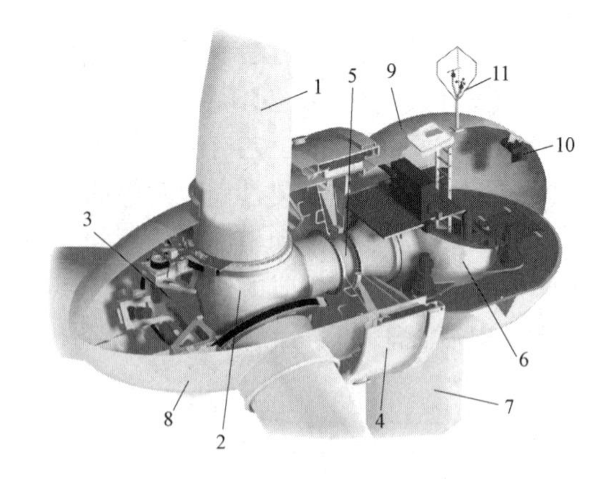

图 2-1-1　风力发电机组整机结构图

1—叶片；2—轮毂；3—变桨驱动；4—电机转子；5—电机定子；6—底座；7—塔架；8—导流罩；9—机舱罩；10—提升机；11—测风系统

1）主制动系统：3 个叶片顺桨实现气动刹车。

2）第二制动系统：发电机刹车（用于维护状态）。

（13）偏航系统 ：主动对风、电机驱动、四级行星减速、自动润滑。

风机整机介绍视频

（14）变桨系统：三个叶片独立变桨。

（15）防雷措施 ：电气防雷、叶尖防雷等。

2. 运行过程

以 1500kW 风力发电机组为例，运行过程如下：

（1）当风速超过 3m/s 持续 10min（可设置）时，风机将自动启动。叶轮转速大于 9r/min 时并入电网。

（2）随着风速的增加，发电机的出力随之增加，当风速大于 12m/s 时，达到额定出力；超出额定风速，机组进行恒功率控制。

（3）当风速高于 25m/s 且持续 10min 时，将实现正常刹车（变桨系统控制叶片进行顺桨，转速低于切入转速时，风力发电机组脱网）。

（4）当风速高于 28m/s 并持续 10s 时，实现正常刹车。

（5）当风速高于 33m/s 并持续 1s 钟时，实现正常刹车。

（6）当遇到一般故障时，实现正常刹车。

（7）当遇到特定故障时，实现紧急刹车（变流器脱网，叶片以 10°/s 的速度顺桨）。

二、风力发电机组机舱部分介绍

机舱的主要作用是支撑发电机、偏航驱动及其他零部件，主要由机舱底座、偏航轴承、偏航制动器、偏航减速器、偏航电机、液压站、润滑泵、顶舱控制柜、滤波器、发电机开关柜和提升机等零部件组成，如图 2-1-2 所示。

图 2-1-2　机舱部件结构图

（一）底座总成

底座总成主要由底座、下平台总成、内平台总成、上平台总成和机舱梯子等组成。

1. 底座

底座为下平台总成、内平台总成、上平台总成、机舱罩总成、偏航系统总成、液压系统总成、润滑系统总成提供支撑，采用球墨铸铁加工而成。与发电机定轴连接的法兰面呈3°倾角设计，目的是防止叶片在转动中碰到塔架，如图 2-1-3 所示。

图 2-1-3 机舱底座

2. 机舱平台

机舱平台包括下平台、内平台、上平台，是为机组进行检修维护时提供的工作平台或支撑底座上某些附件的平台，如图 2-1-4 和图 2-1-5 所示。

（二）偏航系统

偏航系统采用主动对风齿轮驱动形式，与控制系统相配合，使叶轮始终处于迎风状态，充分利用风能，提高发电效率，并提供必要的锁紧力矩，以保障机组安全运行。

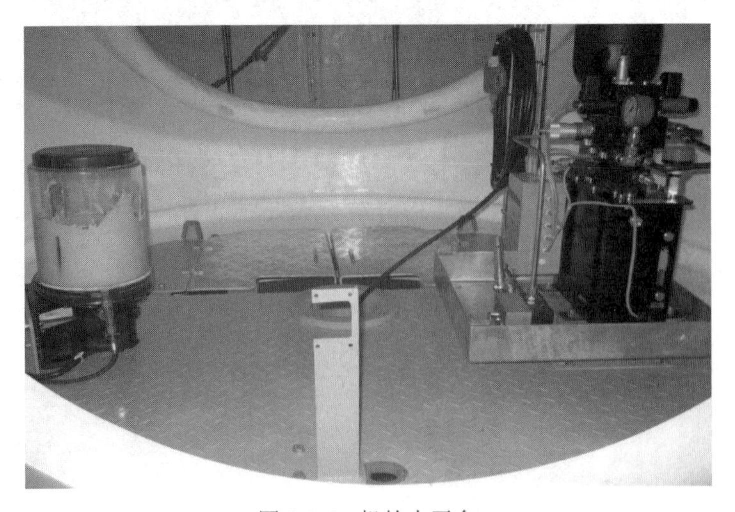

图 2-1-4 机舱内平台

图 2-1-5 机舱上平台

偏航系统包括偏航轴承、偏航制动器、偏航刹车盘、偏航电机、偏航减速器、凸轮计数器等。

1. 偏航轴承

偏航轴承采用外齿圈结构、四点接触球轴承，主要是连接机舱底座与塔架，风机机舱通过偏航轴承可以在 360° 范围内转动，跟踪风向。偏航轴承如图 2-1-6 所示。图 2-1-7 所示为偏航轴承纵剖图。

图 2-1-6 偏航轴承

偏航系统介绍视频

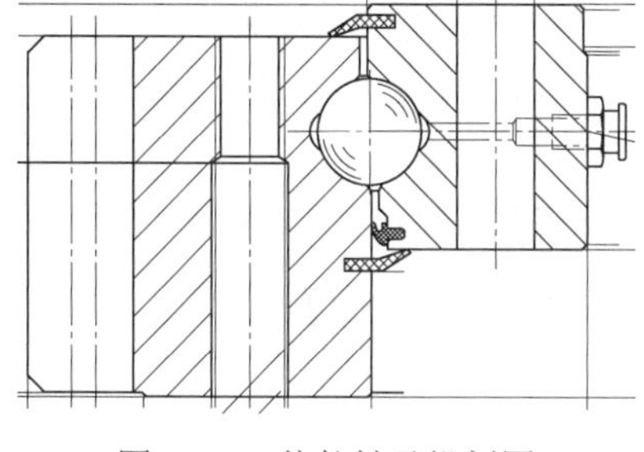

图 2-1-7 偏航轴承纵剖图

偏航演示视频

2. 偏航制动器

作为机组正常运行时的偏航制动部件，每台机组使用 10 副偏航制动器，采用串联结构，每台制动器由上下两个闸体组成。刹车闸为液压卡钳形式，在偏航刹车时，由液压系统提供约 14～16MPa 的压力，使刹车片紧压在刹车盘上，提供制动力。偏航时保持 2～2. 5MPa 的余压，产生一定的阻尼力矩，使偏航运动更加平稳，减小机组振动。偏航制动器如图 2-1-8 所示。图 2-1-9 所示为偏航制动器的纵剖图。

图 2-1-8 偏航制动器

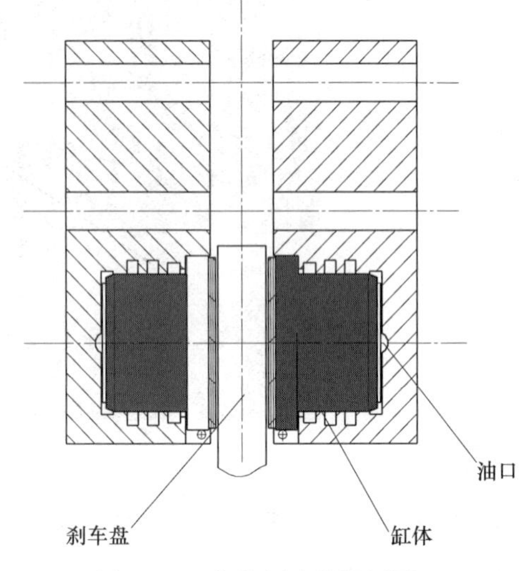

图 2-1-9 偏航制动器纵剖图

图 2-1-10 偏航刹车盘

3. 偏航刹车盘

偏航刹车盘由钢板加工而成，安装于偏航轴承上，与偏航制动器配合使用。在机组正常运行时给偏航制动器一个着力点，使机组制动。偏航刹车盘如图 2-1-10 所示。

4. 偏航电机

偏航电机主要为偏航系统提供动力源，结构为电磁制动三相异步电动机，在三相异步电动机的基础上附加一个直流电磁铁制动器组成，电磁铁的直流励磁电源由安放在电机接线盒内的整流装置供给，制动器具有手动释放装置。偏航时，电磁刹车通电，刹车释放。偏航停止时，电磁刹车断电，刹车释放将电机锁死。附加的电磁刹车手动释放装置，在需要时可将手柄抬起刹车释放。偏航电机如图 2-1-11 所示。

5. 偏航减速器

偏航减速器主要是将偏航电机的高转速通过偏航减速器转化为低转速，其外型如图 2-1-11 所示。偏航减速器内部采用四级行星减速机构，从而实现大的传动比，如图 2-1-12 所示。

6. 凸轮计数器

凸轮计数器内是一个 10kΩ 的环形电阻，风机通过电阻的变化，确定风机的偏航角度并通过其电阻的变化计算偏航的速度。凸轮计数器结构如图 2-1-13 所示。

（三）液压系统

液压系统由液压泵站、电磁元件、蓄能器、联结管路线等组成，用于为偏航刹车系统及转子刹车系统提供动力源。液压系统结构如图 2-1-14 所示。

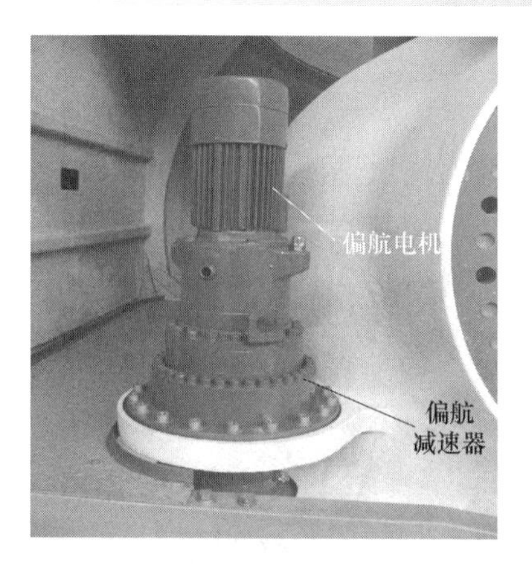

图 2-1-11 偏航电机和偏航减速器

图 2-1-12 偏航减速器内部结构

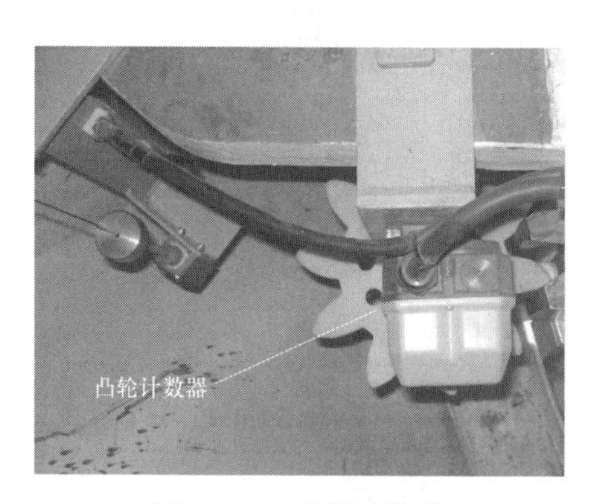

图 2-1-13 凸轮计数器

图 2-1-14 液压系统

（四）自动润滑系统

自动润滑系统由润滑泵、油分配器、润滑小齿、润滑管路线等组成，如图 2-1-15 所示。通过油脂润滑泵将偏航润滑油脂以及偏航小齿润滑脂连续地输入轴承及偏航轴承外齿面，起到连续润滑的效果，避免了手动润滑的间隔性以及润滑不均问题的发生。润滑小齿结构如图 2-1-16 所示。

图 2-1-15 自动润滑系统

图 2-1-16 润滑小齿

（五）电控元件

1. 滤波器

滤波器主要用来保护发电机与变流器，在机组运行时对高次谐波进行过滤，安装于机舱上平台。滤波器如图 2-1-17 所示。

图 2-1-17　滤波器

2. 发电机控制柜

发电机控制柜主要用来保护发电机、电缆和变流器，起分断保护的作用。发电机开关柜安装于机舱上平台紧靠发电机侧。发电机控制柜如图 2-1-18 所示。

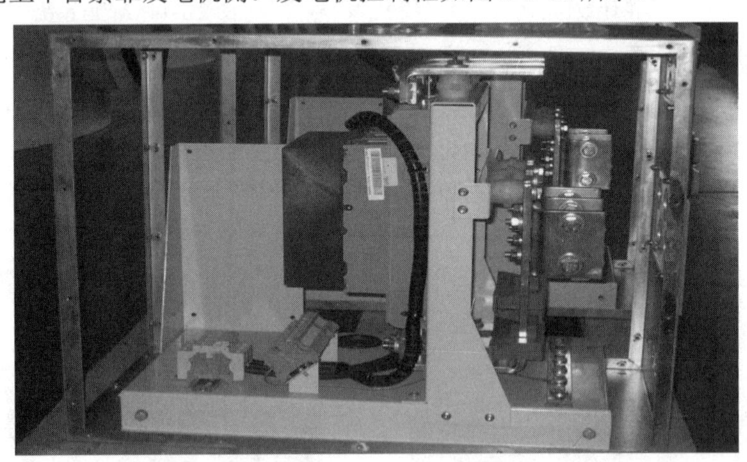

图 2-1-18　发电机控制柜

3. 顶舱控制柜

顶舱控制柜主要用来收集机组所有信号，将信息及时反馈到主控柜，同时主控柜通过顶舱控制柜对机组发出控制指令。顶舱控制柜如图 2-1-19 所示。

4. 振动开关

振动开关主要检测机组的振动，当机组发生振动时振动开关动作机组执行紧急停机。

振动开关如图 2-1-20 所示。

图 2-1-19 顶舱控制柜

（六）机舱罩总成

1. 机舱罩

机舱罩外表面为白色胶衣，内部为玻璃钢结构。白色胶衣可以保护玻璃钢不受紫外线的作用面分解，防止玻璃钢的老化。玻璃钢用以保护机舱内部零部件不受冰雹等来自外界的冲击破坏，机舱各片体连接处有密封胶条并在外部涂机械密封胶，防止雨、雪进入机舱内部。机舱罩如图 2-1-21 所示。

图 2-1-20 振动开关

2. 提升机

提升机主要用于在机组检修过程中提升工具及各类零部件。提升机最大提升重量为 350kg，如图 2-1-22 所示。

（a） （b）

图 2-1-21 机舱罩

3. 测风系统支架

测风系统支架主要用来安装风向标和风速仪，并兼具避雷针的作用，如图 2-1-23 所示。

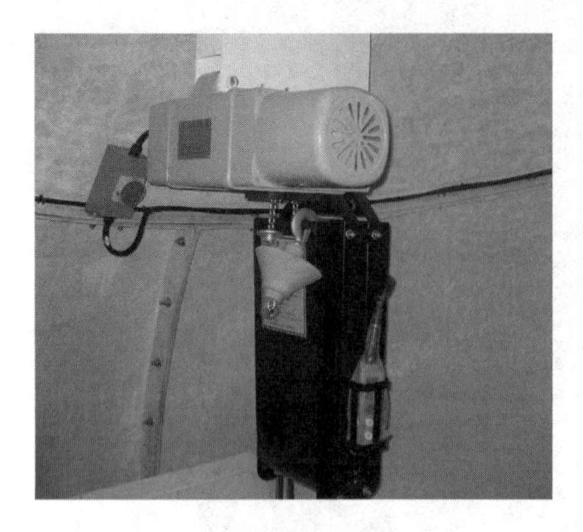

图 2-1-22　提升机

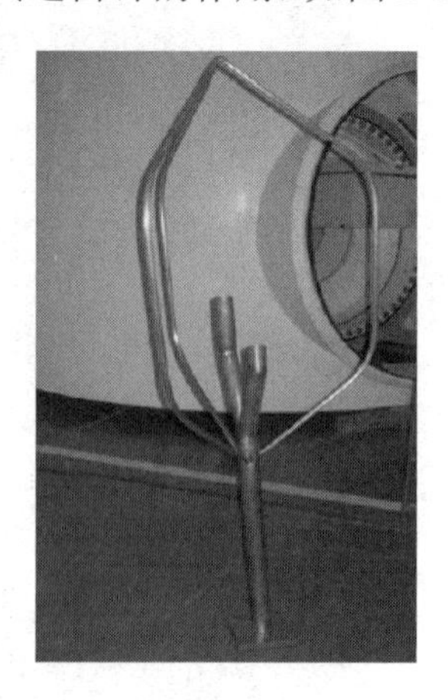

图 2-1-23　测风系统支架

三、机组运行及安全系统

现代的兆瓦级风力发电机组多是全天候自动运行的设备，整个运行过程都处于严密控制之中。

风力发电机组的安全保护系统分三层，即计算机系统、独立于计算机的紧急安全链及器件本身的保护措施。在机组发生超常振动、过速、电网异常或出现极限风速等故障时，风机自动停机，计算机系统停止工作。当系统恢复正常后，电控系统会自动复位，风力发电机组重新启动。

计算机保护系统涉及风力发电机组整机及各个零部件；紧急安全链保护用于整机严重故障及人为需要时；器件本身的保护则主要用于发电机和各电气负载的保护。

四、制动系统

1. 主制动系统

以 1500kW 永磁直驱风力发电机组为例，主制动系统采用三套独立的叶片变桨系统进行气动刹车，当其中一套变桨系统出现故障不能顺桨时，另外两套变桨系统也可实现独立刹车。

2. 第二制动系统

第二制动系统的制动形式是机械刹车。机械刹车安装在发电机转子上，由液压系统提供动力源，加压刹车，释压松闸，主要用于将机组保持在停机位置。

五、锁紧装置

以 1500kW 永磁直驱风力发电机组为例，其锁紧装置有叶轮变桨锁定装置和发电机转子锁定装置，主要在维护、检修时使用。

1. 叶轮变桨锁定装置

叶轮变桨锁定装置将固定在变桨盘上的变桨锁锁定在轮毂槽内，实现锁定功能，如图

2-1-24 所示。

2. 发电机锁紧装置

在机舱前部发电机定子处有两个手轮，就是发电机紧锁装置。进入叶轮实施维护、检修工作前，检修人员启动刹车闸，旋入转子刹车制动销将转子锁住，使风机处于锁定状态，如图 2-1-25 所示。只有指定的人员可以操作发电机锁紧装置。

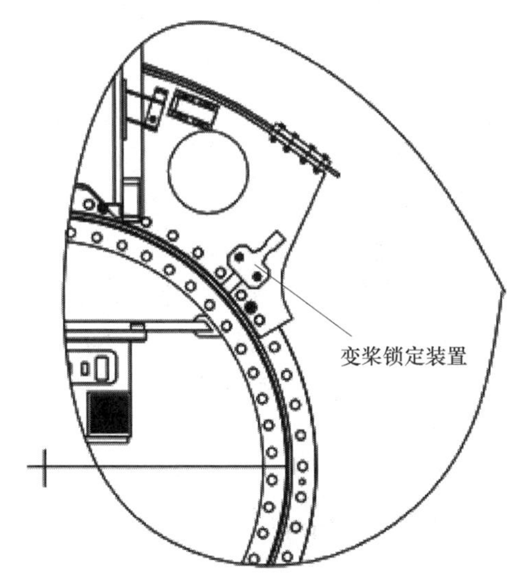

图 2-1-24 叶轮变桨锁定装置示意图

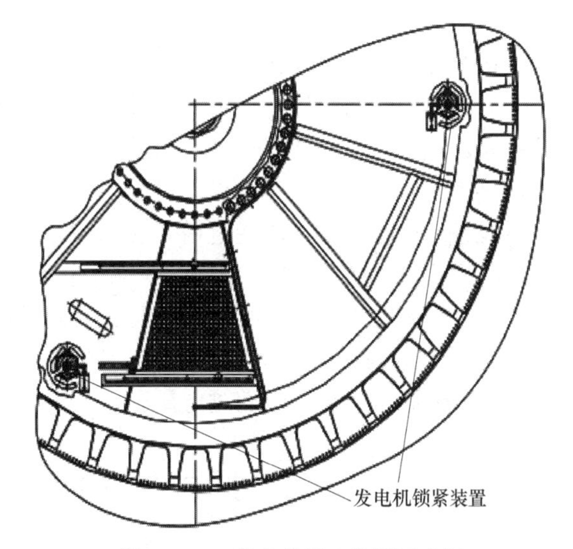

图 2-1-25 发电机锁定装置示意图

六、电控系统

以 1500kW 永磁直驱风力发电机组为例，其电控系统包括主控系统（电气控制系统）、变流系统、变桨系统。

1. 主控系统

主控系统由低压电气柜、电容柜、控制柜、变流柜、机舱控制柜、三套变桨控制柜、传感器和连接电缆等组成，主控系统主要负责正常运行控制、运行状态监测和安全保护三个方面的职能。

2. 变流系统

变流系统采用 AC-DC-AC 变流方式，将发电机发出的低频交流电经整流转变为脉动直流电（AC/DC），经斩波升压输出为稳定的直流电压，再经 DC/AC 逆变器变为与电网同频率同相的交流电，最后经变压器并入电网，完成向电网输送电能的任务。1500kW 永磁直驱风力发电机组的变流系统是全功率变流装置，与各种电网的兼容性好，具有更宽范围内的无功功率调节能力和对电网电压的支撑能力。

3. 变桨系统

变桨系统的变桨电机采用交流异步电机，变桨速率或变桨电机转速的调节采用闭环频率控制。相比采用直流电机调速的变桨控制系统，在保证调速性能的前提下，交流异步电机避免了直流电机存在炭刷容易磨损、维护工作量大、成本增加的缺点。

每个叶片的变桨控制柜都配备了一套由超级电容组成的备用电源，超级电容储备的能量在保证变桨控制柜内部电路正常工作的前提下，足以使叶片以 10°/s 的速率，从 0° 顺桨到 90° 三次。当来自滑环的电网电压掉电时，备用电源直接给变桨控制系统供电，仍可保证整套变桨电控系统正常工作。当超级电容电压低于软件设定值时，主控系统在控制风机停机的同时，还会报电网电压掉电故障。

七、防雷保护

在叶片内部，雷电传导部分将雷电从接闪器导入叶片根部的金属法兰，通过轮毂传至机舱。在机舱的后部还有一个避雷针，在遭受雷击的情况下将雷电流通过接地电缆传到机舱底座。机舱底座为球墨铸铁，机舱底板与上段塔架之间、塔架各段之间，塔架除本身螺栓连接之外还增加了导体连接，机舱内的零部件都通过接地线与之相连，避免雷电流沿传动系统进行传导，雷电流通过塔架和铜缆经塔架基础环接地传到大地中。

机组的接地按照 GL（德国劳氏船级社）规范设计，符合 IEC 61024—1《风力发电机设计要求》的规定，采用平均直径大于 10m 的接地圆环，单台机组的接地供频电阻不大于 4Ω，多台机组的接地进行互连。通过延伸机组的接地网进一步降低接地电阻，使雷电流迅速流散入地而不产生危险的过电压。

任务二　风力发电机组机舱安装与调试工艺

【能力目标】

1. 能熟练掌握机舱装配过程中工装设备和工器具的使用方法。
2. 能熟练掌握机舱装配完成后的检测和调试方法。

【知识目标】

1. 掌握机舱各部件的安装工艺和安装步骤。
2. 掌握机舱各部件装配的技术要求。

一、机舱装配的相关规定

以 1500kW 永磁直驱风力发电机组机舱装配为例，在装配前需对风力发电机组机舱装配的技术要求进行规范，以保证装配工艺的规范性。

1. 方向的规定

机舱的装配方向要以机舱内部的基础件——底座的工作状态为基准，安装偏航轴承的面为下平面，安装定轴的平面为前面，站在底座后部向前看，底座前安装润滑小齿轮的一侧向左，安装偏航减速器的一侧向右，如图 2-2-1 所示。

2. 防松标记的规定

使用红色漆油笔做防松标记，同一台机组螺栓的防松标记颜色必须一致为红色。防松标记线宽度为 3～4mm，长度为 15～20mm，防松标记在长度方向无间断，且不能画在六角头的棱边上，要求画在标记面的中间部位，靠近内侧，如图 2-2-2 所示。

图 2-2-1　方向的规定

3. 丝锥的选用及使用要求

M6～M24 的丝锥选用二锥，大于 M24 的丝锥选用三锥。如果采用电动工具过丝，必须选用带力矩值调整或定力矩的电动工具以便确定使用时的扭矩值：M18 以下的螺纹孔不得使用力矩值大于 100N·m 的电动工具过丝，M18 以上的螺纹孔不得使用力矩值大于 200N·m 的电动工具过丝。如过丝过程中普通的丝锥长度不够，必须选用加长丝锥（JB/T 8786—1998《长柄螺母丝链》），不得在普通丝锥上焊接螺栓作为加长丝锥使用。过丝时，必须先用手将丝锥旋入螺纹孔 3～5 扣，找正中心后，再开动电动工具进行过丝。

4. 螺纹锁固胶的使用规定

螺栓的螺纹部分涂螺纹锁固胶，涂抹长度为螺纹的旋合长度，宽度约为 3mm，如图 2-2-3 所示。

图 2-2-2　防松标记的规定

图 2-2-3　螺纹锁固胶的使用规定

5. 固体润滑膏的使用规定

螺栓的螺纹旋合面和螺栓六角头部与平垫圈接触面涂固体润滑膏，用排笔在螺栓六角头部下端面（与平垫圈接触的平面）涂固体润滑膏，用油漆刷在螺栓的螺纹旋合面上涂固体润滑膏一周，长度 L 为螺栓螺纹的旋合长度，如图 2-2-4～图 2-2-7 所示。

注意：涂过固体润滑膏的螺栓必须在 4h 内完成安装，螺栓的力矩值必须在 24h 内紧固完成。

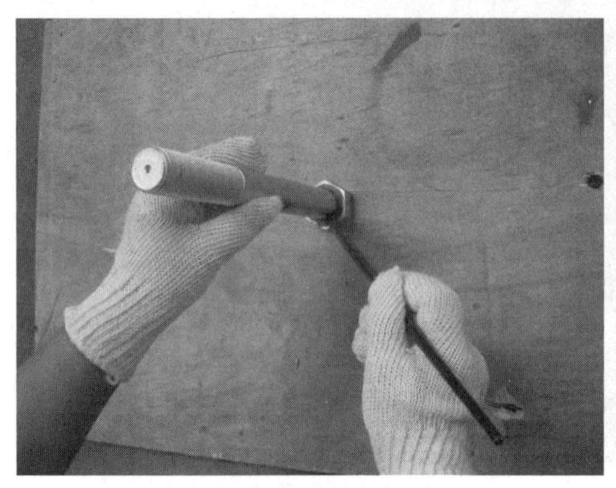

图 2-2-4　螺栓头部下端面涂固体润滑膏

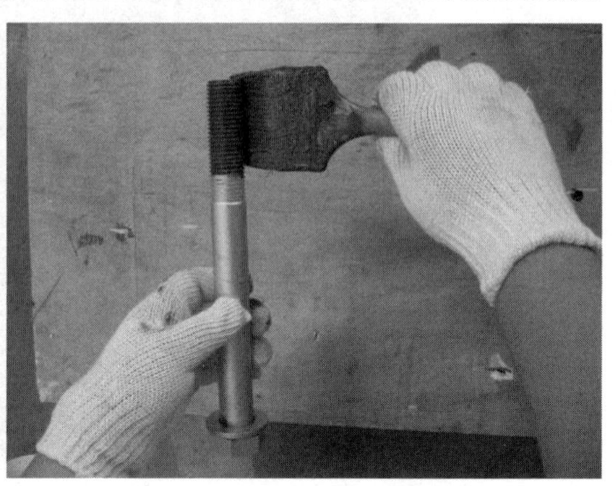

图 2-2-5　螺栓螺纹旋合面涂固体润滑膏

图 2-2-6　固体润滑膏的长度

图 2-2-7　刷好固体润滑膏的螺栓

6. 涂抹防锈油

要求在裸露的金属表面涂抹防锈油，防锈油要清洁，涂抹均匀、无气泡、无漏涂。

7. 零部件清理要求

所有零部件安装前必须进行清理，清理时主要去除零部件表面的污物，去除多余的防腐层、毛刺、锐边倒钝等。要求清洁干净且不伤及要保护的防腐层。

8. 关于化学品侵蚀的规定

由于润滑站油脂罐、液压站油窗和机舱盖组件上天窗的材质对化学品侵蚀很敏感，所以在机舱组装过程中严禁以上设备与酒精、汽油、丙酮等化学品接触。在清理以上设备过程中只能用水和大布来清洁表面。

二、风力发电机组装配工艺与技术要求

（一）底座的清理及翻身

1. 底座的放置和清理

（1）底座各表面的清理。用清洗剂和大布将底座各表面清洗干净，如图 2-2-8 所示。

（2）底座各孔的清理。用一字形螺钉旋具将底座上所有螺纹孔的堵头启封。用不同型号的丝锥对相应的螺纹孔进行过丝并清理，用压缩空气将螺纹孔内的污物清理干净，用吸尘器将清出的污物清理干净。用丝锥过丝的操作如图 2-2-9 所示。

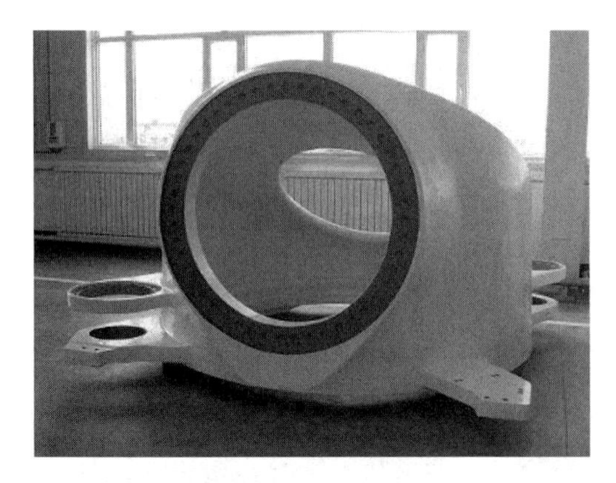

图 2-2-8 清理底座

图 2-2-9 用丝锥过丝

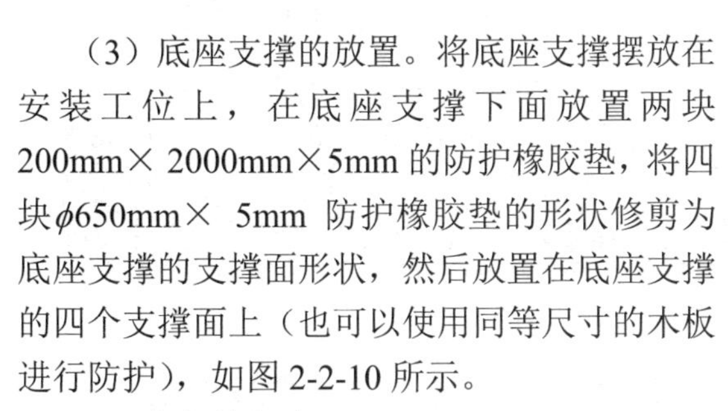

（3）底座支撑的放置。将底座支撑摆放在安装工位上，在底座支撑下面放置两块 200mm× 2000mm×5mm 的防护橡胶垫，将四块ϕ650mm× 5mm 防护橡胶垫的形状修剪为底座支撑的支撑面形状，然后放置在底座支撑的四个支撑面上（也可以使用同等尺寸的木板进行防护），如图 2-2-10 所示。

图 2-2-10 放置底座支撑

2. 底座的翻身

（1）吊具的安装。将两个底座吊具安装到底座定轴连接面上，底座吊具与定轴连接面之间、垫板和底座之间垫橡胶垫，将一根 10t 吊带两端分别套在两个 9. 5t 的卸扣上并安装在两个底座吊具上，吊带与底座接触的部位用吊带护套进行防护，如图 2-2-11 和图 2-2-12 所示。将吊环螺钉安装到底座偏航轴承安装面上的安装孔内，将另一根 10t 吊带两端分别套在两个卸扣上并安装在两个特制的吊环螺钉上。吊带从底座的斜面孔穿出，10t 吊带与底座接触的部位用两个吊带护套进行防护，如图 2-2-13 所示。

（2）翻身。将连接底座吊具的吊带挂在主钩上，将连接特制吊环螺钉的吊带挂在辅钩上，平稳地提升主钩使吊带处于张紧状态，如图 2-2-14 所示。然后平稳地提升辅钩使吊带处于张紧状态，交替启动主钩和辅钩将底座提升至离地面 3m 处。辅钩平稳下降使吊带处于松弛状态，将吊带从辅钩上摘下，如图 2-2-15 所示。将底座水平旋转 180°，将摘下的吊带从底座的偏航轴承安装孔穿出重新挂在辅钩上，吊带与底座接触的地方做好吊带的防护工作，如图 2-2-16 所示。平稳地提升辅钩使底座偏航轴承安装面处于水平位置，移动底座至底座支撑的正上方，主钩和辅钩平稳交替下降，将底座放置在底座支撑上，将两个吊带取下，如图 2-2-17 所示。

（3）清理。用平刮刀清理装配面的毛刺和多余的防腐层，如图 2-2-18 所示。用丝锥将相应的螺纹孔清理干净。用压缩空气和吸尘器将螺纹孔内的污物清理干净，如图 2-2-19 所示。用清洗剂和大布将底座上各非加工面清理干净，用清洗剂和大布将底座上与偏航制动器、偏航轴承连接的机加工面清理干净。

（4）将底座装配操作平台安装到底座上，如图 2-2-20 所示。

图 2-2-11　底座吊具的安装

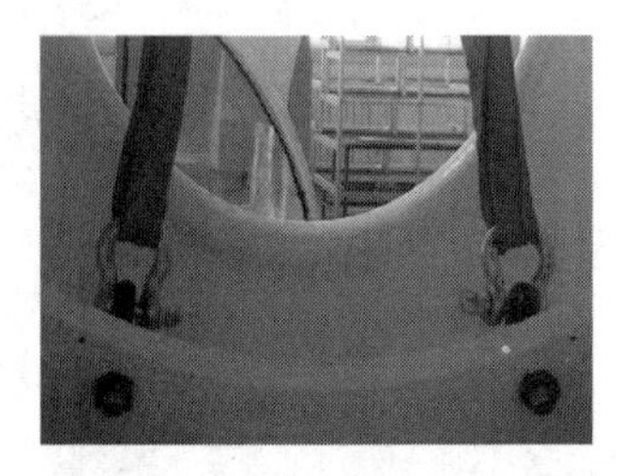

图 2-2-12　吊环螺钉的安装

图 2-2-13　吊带的安装

图 2-2-14　主钩上升

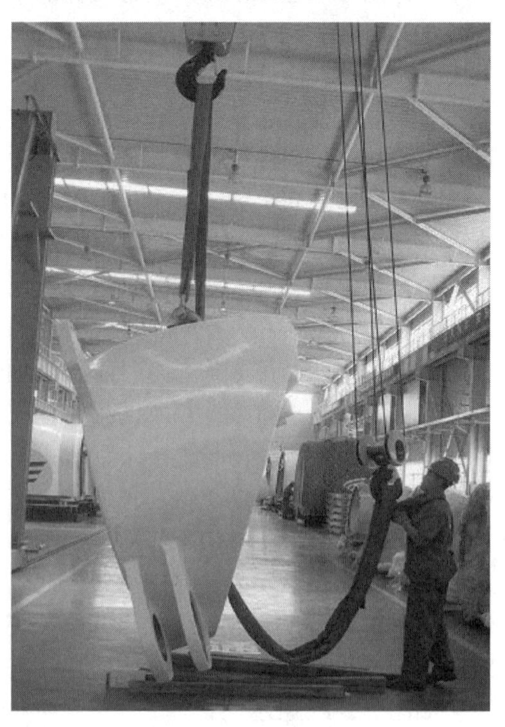

图 2-2-15　辅钩下降

图 2-2-16　重新安装辅钩上

图 2-2-17　主钩和辅钩交替平稳下降

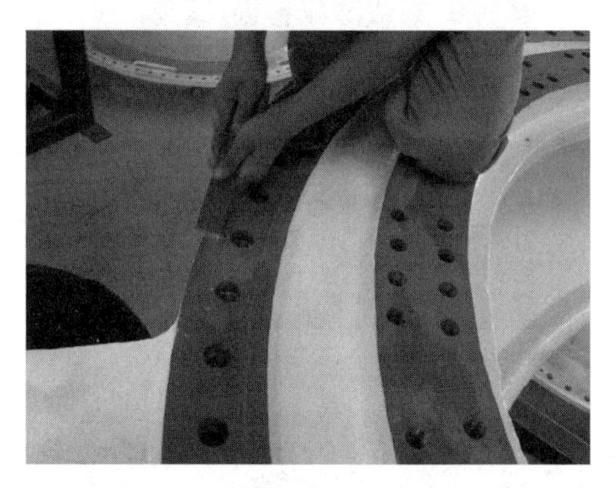

图 2-2-18　清理加工面油漆

图 2-2-19　压缩空气清理螺孔

图 2-2-20　安装底座装配操作平台

图 2-2-21　压注油杯

（二）偏航轴承的安装

1. 清理

用清洗剂和大布将偏航轴承清理干净。用不同型号的丝锥对相应的螺纹孔进行过丝并清理，用压缩空气将螺纹孔内的污物清理干净，用吸尘器将清出的污物清理干净。

2. 检查压注油杯

逐个检查并紧固直通式压注油杯，如图2-2-21所示。

3. 软带的位置

偏航轴承安装时，内圈内凹口面朝上（既外圈上带有 8-M16 孔的一面朝上）。偏航轴承内圈堵塞孔软带的位置要与以底座最前端的偏航轴承安装螺纹孔为基准，顺时针数第 13 螺纹孔对正，如图 2-2-22 和图 2-2-23 所示。

4. 吊装

将三个吊环螺钉紧固到偏航轴承的三个吊装螺纹孔内。用三个 1t 卸扣将一根特制的三腿吊带和三个吊环螺钉连接，然后将偏航轴承平稳起吊提升至 1. 8m 的高度，如图 2-2-24 所示。

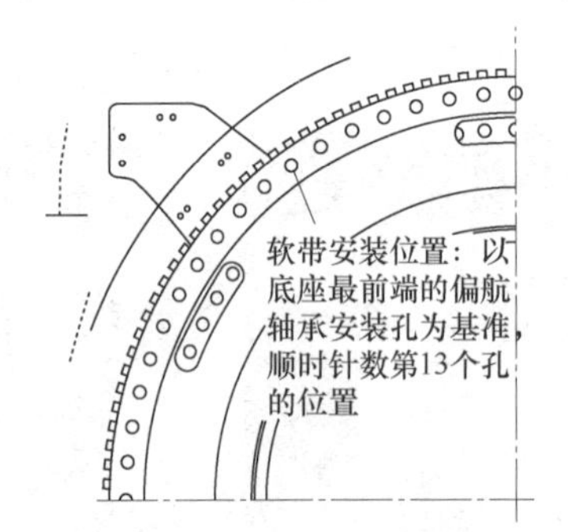

图 2-2-22　偏航轴承软带装位置

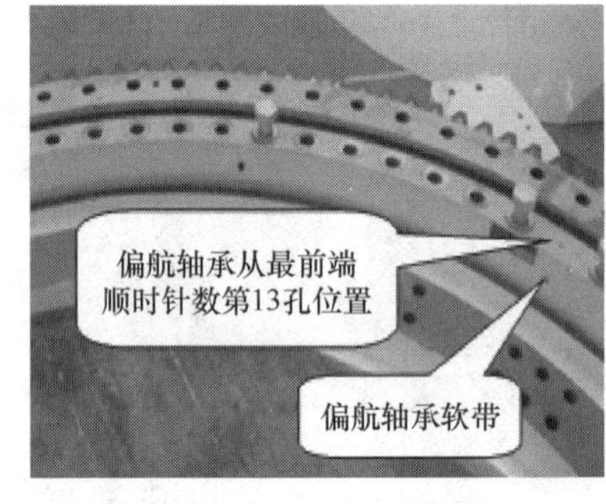

图 2-2-23　偏航轴承软带位置

图 2-2-24　偏航轴承的吊装

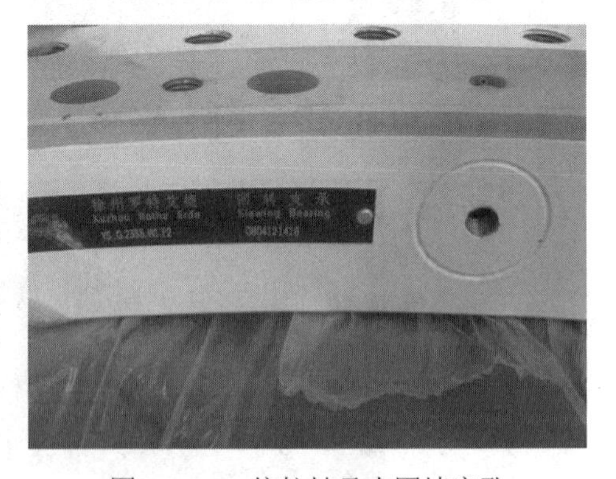
图 2-2-25　偏航轴承内圈堵塞孔

5. 安装

将偏航轴承平稳地移到底座偏航轴承安装面的正上方，平稳下降，然后缓慢下降吊钩使偏航轴承的安装孔与底座螺纹孔对正，确保偏航轴承内圈堵塞孔软带的位置正确，如图2-2-23和图2-2-25所示，直至偏航轴承能平稳地放置到底座偏航轴承的安装面上，取下特制的三腿吊带及吊环螺钉。用螺栓和垫圈将偏航轴承固定到底座上，螺栓螺纹旋合部分及螺栓头与平垫圈接触面涂固体润滑膏。

6. 紧固

螺栓的紧固顺序为十字对称紧固，力矩值为 1200N·m，分三次打力矩，力矩值分别为：T_1=600N·m，T_2=900N·m，T_3=1200N·m。打力矩前将空气压缩机的压力值调整到 1MPa，按照气动扳手上的压力值与扭矩值对照表，将气动调压单元的压力值调节到相应的压力值。调整好气动调压单元的压力值后，试打一个螺栓的力矩，检验气动扳手打的力矩值。打力矩过程中必须轮流使用三个气动扳手，每打 15 个螺栓的力矩后就必须更换另一把气动扳手。使用气动扳手时，应对气动扳手的反作用力臂做好防护，不能伤及偏航轴承和螺栓的防腐层。也可以使用相应力矩值的电动冲击扳手和液压扳手打力矩。

7. 力矩检查

调整 2000N·m 的扭力扳手扭力值至 1200N·m，依次对螺栓的力矩值进行检查，若有螺栓的力矩值不合格，必须重新对此螺栓打力矩，再检查，直至力矩值合格为止，如图2-2-26所示。

图 2-2-26　校核偏航轴承连接螺栓力矩

偏航轴承的安装视频

8. 技术要求

偏航轴承安装的技术要求如下：

（1）螺栓紧固力矩值为 1200N·m。

（2）气动扳手每打 15 个螺栓，进行更换。

（3）安装偏航轴承时偏航轴承软带的位置要正确。

（4）螺栓必须做防松标记，螺栓和垫片裸露部分涂抹 MD-硬膜防锈油，必须清洁、均匀、无气泡。

（三）偏航刹车盘的安装

1. 清理

用平面刮刀将偏航刹车盘装配面的毛刺和多余的防腐层清理干净，用清洗剂和大布将偏航刹车盘的各表面清理干净，偏航刹车盘如图 2-2-27 所示。

图 2-2-27　偏航刹车盘

2. 吊装

将三个吊环螺钉紧固到偏航刹车盘的三个吊装螺纹孔内，用一根特制的三腿吊带将偏航刹车盘吊起，如图 2-2-28 所示。

偏航轴承刹车盘制动器安装视频

注意：偏航刹车盘上带有外止口的一面朝下。

3. 安装

将偏航刹车盘吊到偏航轴承上，用四个导正棒使偏航刹车盘上的四个光孔与偏航轴承上四个螺纹孔对正，导正棒均布，如图 2-2-29 所示。调整偏航刹车盘的位置，令偏航刹车盘上其余的光孔与偏航轴承上其余的螺纹孔对正。然后用一个导正棒对偏航刹车盘和偏航轴承进行检验，偏航刹车盘安装导正棒必须能够通过所有的孔。如果有未对正的孔，应使用白板笔对偏航刹车盘和偏航轴承的安装位置及不合格的孔位进行标记，将偏航刹车盘吊离安装位置后进行磨修，修磨后用压缩空气吹净铁屑，然后重新试装，直至偏航刹车盘安装导正棒能够通过所有的孔。调整对正后，用内六角圆柱头螺钉将偏航刹车盘与偏航轴承连接起来，在螺钉的螺纹处涂螺纹锁固胶。

图 2-2-28 偏航刹车盘的吊装

4. 紧固

螺钉紧固顺序为十字对称紧固，紧固力矩值为 120N •m，分两次打力矩，力矩值为：T_1＝60N • m，T_2＝120N • m。偏航刹车盘的紧固如图 2-2-30 所示。

5. 技术要求

偏航刹车盘安装的技术要求如下：

（1）安装偏航刹车盘时，将偏航刹车盘上带有外止口的平面与偏航轴承安装面配合。

（2）偏航刹车盘上的所有光孔必须与偏航轴承上所有的螺纹孔对正，用导正棒检验是否可以通过所有孔。

图 2-2-29　导正棒均布

图 2-2-30　偏航刹车盘的紧固

（四）偏航制动器的安装

1. 清理

用清洗剂和大布清理偏航制动器各零部件。

2. 准备

先将偏航制动器按上闸体、下闸体依次摆放在底座安装位置附近。注意闸体的塑料堵头安装O形密封圈。用内六角扳手将上、下闸体上的油管堵头旋松（注意清理干净闸体流出的液压油），将偏航制动器刹车片安装到偏航制动器的上、下闸体内，用橡皮锤轻轻敲击安装到位，如图 2-2-31 所示。

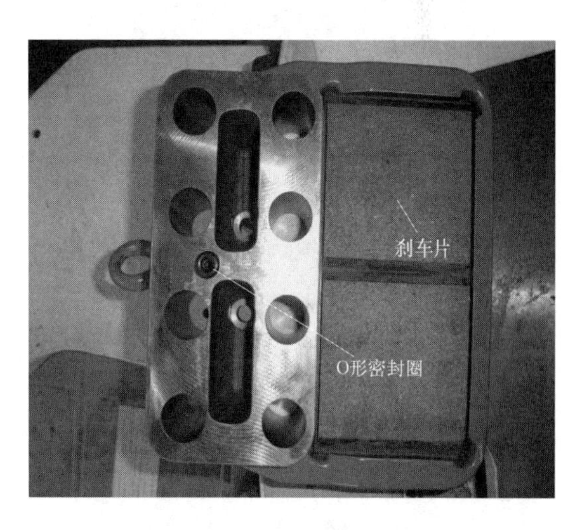

图 2-2-31　偏航制动器

3. 安装

偏航制动器的安装位置如图 2-2-32 所示。调整垫片的规格和数量，应尽量保证偏航制动器在底座上的安装面（即偏航刹车调整垫片的上平面）与偏航刹车环上环面的间距值接近 118mm，以保证偏航制动器上、下刹车片与偏航刹车盘的间隙均匀，如图 2-2-33 所示。用螺栓和垫圈将上、下闸体连接在一起，螺栓紧固顺序为对称紧固（从中间开始，逐渐向两边对称地扩展）。螺栓螺纹旋合部分及螺栓头与平垫圈接触面涂固体润滑膏。螺栓分三次紧固，紧固力矩值分别为：T_1＝440N·m，T_2＝660N·m，T_3＝880N·m。安装完成的制动器如图 2-2-34 所示。安装时要注意带有铭牌的闸体在底座翻身后铭牌的文字为正字（易于阅读），如图 2-2-35 所示。

4. 检查

调整 2000N·m 的扭力扳手扭力值至 880N·m，用扭力扳手依次对所有螺栓的力矩值进行检查，若有螺栓的力矩值不合格，必须重新对此螺栓打力矩，再检查，直至力矩值合格为止。

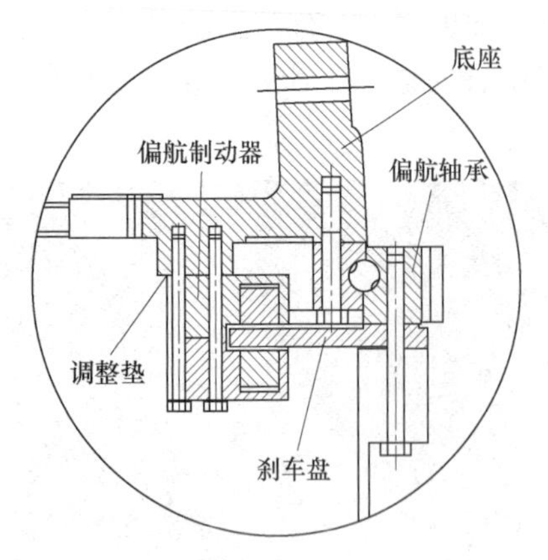

图 2-2-32　偏航制动器的安装位置

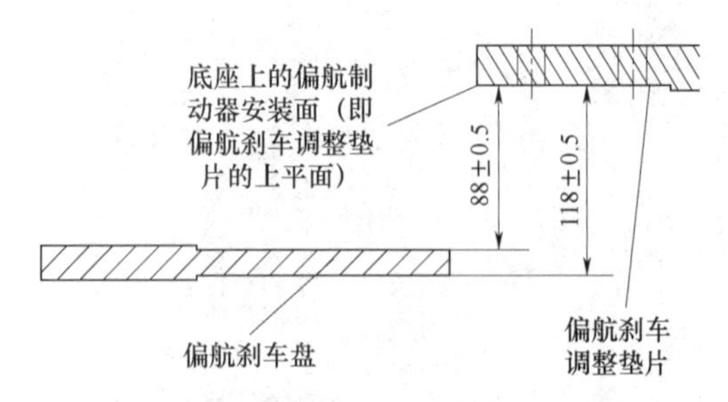

图 2-2-33　偏航制动器的安装距离

图 2-2-34　偏航制动器安装完成

图 2-2-35　铭牌向上

图 2-2-36　放松标记和防腐处理

5. 后处理

螺栓的力矩值检查合格后，在螺栓六角头侧面与偏航制动器面做防松标记，如图 2-2-36 所示，待防松标记完全干后，用油漆刷在每个螺栓和垫圈的裸露表面均匀地涂抹 MD-硬膜防锈油，要求清洁、均匀、无气泡。

6. 技术要求

偏航制动器安装技术要求如下：

（1）偏航制动器上、下闸体间安装 O 形密封圈，防止漏油。

（2）偏航制动器刹车片安装到位。

（3）调整调整垫的规格和数量，应尽量保证偏航制动器在底座上的安装面（即偏航刹车调整垫片的上平面）与偏航刹车环上环面的间距值接近 118mm，以保证偏航制动器上、下刹车片与偏航刹车盘的间隙均匀。

（4）所有螺栓紧固顺序为对称紧固，紧固力矩值为 880N・m。

（5）检查螺栓的防松标记和防锈油，防锈油要清洁、均匀、无气泡。

（五）底座组件的翻身

1. 清理

将机舱总成运输支架组对好并清理干净，在工位上放置好。注意：在机舱总成运输支架的支撑腿下面垫上两块橡胶垫来保护地面，如图 2-2-37 所示。

图 2-2-37　机舱总成运输支架

2. 吊装

用两个卸扣将一根吊带与两个特制的吊环螺钉相连，吊带从偏航轴承安装孔穿出。用两个卸扣将一根吊带与两个底座吊具相连。将与底座吊具相连的吊带挂在主钩上，将与特制吊环螺钉相连的吊带挂在辅钩上，如图 2-2-38 所示。吊带与底座接触的部位用吊带护套进行防护。

3. 翻身

平稳提升主钩，使吊带处于张紧状态，然后平稳地提升辅钩使吊带处于张紧状态，交替缓慢地启动主钩和辅钩将底座提升至离地面 3m 处。辅钩平稳下降使吊带处于松弛状态，将吊带从辅钩摘下，将底座水平旋转 180º，将摘下的吊带从底座斜面孔穿出重新挂在辅钩上，如图 2-2-39 所示。平稳地提升辅钩使底座偏航轴承的安装面处于水平状态。平稳地移动底座至机舱总成运输支架的正上方，主钩和辅钩平稳地交替下降，对正安装孔，将底座放置在机舱总成运输支架上，放置要平稳。

图 2-2-38　主辅吊具的安装

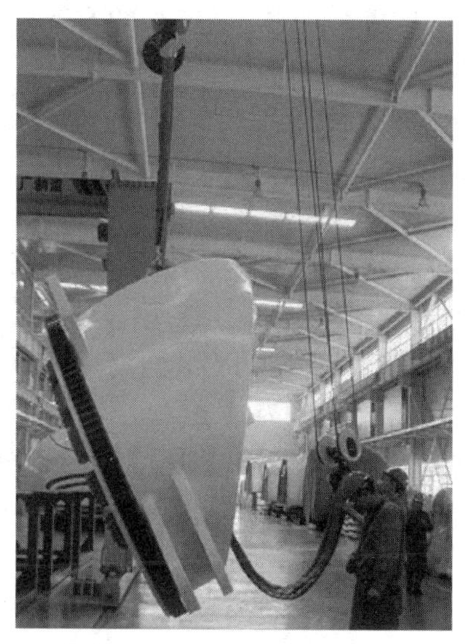

图 2-2-39　重新安装辅吊

注意：在机舱总成运输支架的安装平面上垫四块橡胶板进行防护（先将防护橡胶垫修剪的和垫块顶板形状一致）。底座的放置如图 2-2-40 所示。

图 2-2-40 底座的放置

4. 固定

用螺栓将机舱总成固定在运输支架上，螺栓的螺纹部分涂固体润滑膏。出厂前套完机舱罩底再紧固螺栓。

5. 后处理

各螺栓紧固完毕后，将各吊带、吊环螺钉、底座翻身吊具取下，摆放到规定的位置。

6. 技术要求

底座组件翻身技术要求如下：

（1）将橡胶垫垫在机舱总成运输支架下面来保护地面。

（2）在机舱总成运输支架的安装平面上垫橡胶板进行防护。

（3）底座翻身时用吊带护套对吊带进行防护；翻身过程中底座要进行防护。

（六）偏航减速器和偏航电机的安装

1. 清理

先将偏航减速器总成和偏航电机做如下编号：底座右前部安装的为偏航减速器总成 1 和偏航电机 1，右后部的为偏航减速器总成 2 和偏航电机 2，左后部的为偏航减速器总成 3 和偏航电机 3，如图 2-2-41 所示。将三台偏航减速器整齐地摆放在橡胶垫板上，用清洗剂和大布将偏航减速器的安装面清洗干净。

2. 润滑油加注及检查

安装偏航减速器前，要检查偏航减速器的油位，保证油位处于上下油位限的中间部位，如果润滑油过多，则放油至上下油位限的中间部位；如果润滑油过少，则加油至上下油位限的中间部位。

3. 准备

查看偏航减速器总成最大直径圆周面上的标识位置（不同厂家生产的偏航减速器在相

应位置上有不一样的标识)，此处是偏心圆盘的圆周面到偏航减速器中心轴距离的最远点，称为大端，如图 2-2-42 和图 2-2-43 所示。

图 2-2-41　偏航减速器和偏航电机位置编号

偏航减速器装配视频

图 2-2-42　偏航减速器

图 2-2-43　偏航减速器大端标识

也可以分别通过测量标识位置，以及与标识位置相对的圆周面到偏航减速器偏心圆盘次最大直径圆周面的距离，距离小的就是最远点，称为大端，用白板笔标记此位置；反之就是最近点，称为小端。用清洗剂将底座上安装偏航减速器的三个安装孔内表面清洗干净。

4. 安装

用两个卸扣和一根吊带将一台偏航减速器吊起，在偏航减速器调整盘裸露的金属面均匀地涂抹一层固体润滑膏（图 2-2-44)。然后将偏航减速器的安装孔和底座螺纹孔对正，找到偏航轴承齿顶圆的最大标记处（涂绿油漆处)，在该处调整齿侧间隙。旋转偏航减速器，使偏航减速器的偏心圆盘大端、小端的中间位置处在齿轮啮合位置。然后用四个试装螺钉将偏航减速器安装到底座上，对称紧固。用同样方法将其余两台偏航减速器安装到底座的相应位置上。

图 2-2-44　裸露金属面涂固体润滑膏

5. 电源的连接

用倒顺开关连接三个偏航电机，为调整齿侧间隙作准备。

6. 调整齿侧间隙

采用压铅丝法测量齿侧间隙，调整大、小齿轮的齿侧啮合的双边间隙为 0. 50～0. 90mm。具体步骤为：先将两个铅丝在齿轮齿长方向对称放置，上、下铅丝距齿轮的上、下端面的距离均为 20～30mm，如图 2-2-45 所示。启动偏航电机驱动偏航小齿轮碾压铅丝，测量铅丝的双面厚度（即为齿侧双面间隙），如图 2-2-46 所示。若间隙偏小，则将偏航减速器大端向远离大齿方向旋转；若间隙偏大，则将偏航减速器大端向靠近大齿方向旋转。由于偏航减速器的小齿轮的齿形被修正过，上测量点间隙应大于下测量点间隙。

注意：三台偏航减速器的齿侧间隙要分别调整。

图 2-2-45　铅丝位置

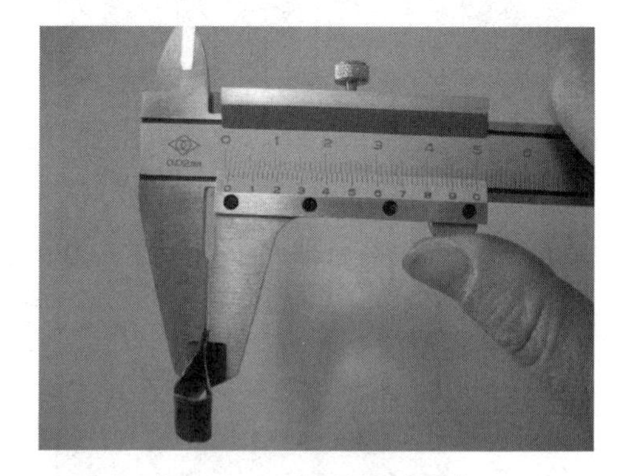
图 2-2-46　测量铅丝厚度

用同样的方法，调整另外两台偏航减速器小齿轮与偏航轴承上大齿轮的啮合间隙。

7. 调整电机接线盒

调整三台偏航电机上接线盒的位置。要求：偏航电机 1 上接线盒的接线方向朝后；偏航电机 2 上接线盒的接线方向朝左；偏航电机 3 上接线盒的接线方向朝前。如果任意一电机接线盒上接线方向不合适，则将偏航电机上的螺栓拆出，重新调整电机接线盒的位置，直至合适为止。然后用螺栓重新将偏航电机安装到偏航减速器上，螺栓的螺纹部分涂螺纹锁固胶。

8. 固定

偏航减速器的齿侧间隙调整合适后，用内六角圆柱头螺钉和垫圈将偏航减速器固定到底座上，在螺钉螺纹旋合部分及螺钉头与平垫圈接触面涂固体润滑膏。再将调整齿侧间隙时固定偏航减速器用的四个螺钉取出，在螺钉螺纹旋合部分及螺钉头与平垫圈接触面涂固体润滑膏后，再旋入。

紧固所有螺钉时，螺钉紧固顺序为十字对称紧固，分三次打力矩。

9. 防腐处理和放油嘴的调整。

将底座上安装偏航减速器的两个安装孔裸露的内表面和偏航减速器调整盘上涂抹的多

余固体润滑膏清理干净，用油漆刷涂刷 MD-硬膜防锈油，要求清洁、均匀、无气泡，如图 2-2-47～图 2-2-49 所示。同时检查调整好的偏航减速器放油嘴位置，放油嘴如果朝向底座方向必须进行调整，使放油嘴位于易操作的位置（清理干净流出的润滑油）。

10. 安装放气帽（自带）

将三个偏航减速器上靠近底座的内侧加油口处的堵塞拧下来，将放气帽安装到加油口上并紧固，如图 2-2-50 所示。

图 2-2-47　下安装孔防锈油的涂抹

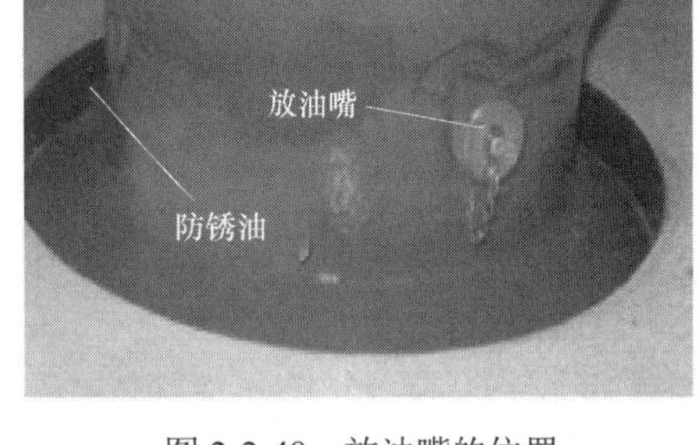

图 2-2-48　放油嘴的位置

图 2-2-49　上安装孔防锈油的涂抹

图 2-2-50　放气帽的安装

11. 后处理

将偏航减速器放油阀用绑扎带固定在放油嘴的铁链上，然后用塑料薄膜将偏航减速器放油阀防护好。每个偏航减速器配一个放油阀，如图 2-2-51 所示。检查偏航减速器外表面

图 2-2-51　固定放油阀

油漆是否有脱落，如果需要，补刷脱落的油漆，油漆的颜色要一致。

12. 技术要求

偏航减速器和偏航电机安装的技术要求如下：

（1）保证底座偏航减速器安装面和偏航减速器齿面清洁。

（2）偏航系统的齿侧啮合双面间隙为0. 50～0. 90mm，上测量点间隙应大于下测量点间隙。

（3）电机接线盒位置正确，接线正确。

（4）放油嘴必须位于易操作的位置。

（5）每台偏航减速器必须配一个放油阀。

（七）内平台总成安装

1. 清理

用清洗剂和大布将内平台总成的各零部件及底座安装面清理干净。

2. 粘贴减振垫

用万能胶将减振垫粘贴在前踏板、左踏板焊合、右踏板焊合和左、右平台门的外边沿的下端面上，如图2-2-52所示；将U形护边安装在两个限位板上，安装应美观牢固。

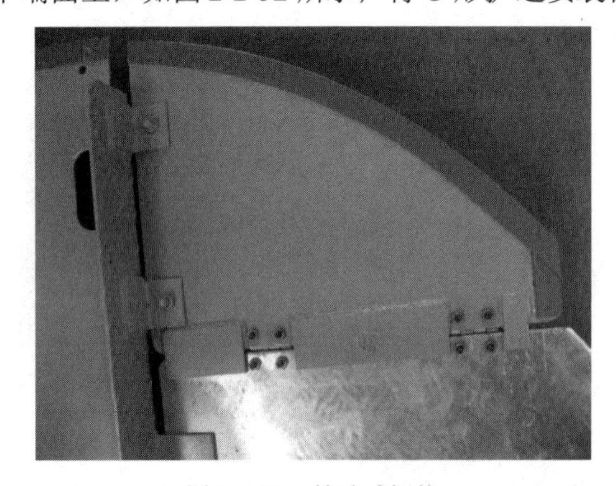

图2-2-52　粘贴减振垫

内平台安装与调试视频

3. 安装前踏板

用一根吊带将前踏板吊入底座内部前端，用螺栓和垫圈将前踏板固定在底座上对应的螺纹孔上，螺栓的螺纹部分涂螺纹锁固胶，螺栓紧固，如图2-2-53所示。

4. 安装梯子左、右下支板

将梯子左下支板和梯子右下支板安装到前踏板上。注意梯子左、右下支板的安装位置要正确，要求支板的内壁距离为432～434mm，同时保证支板的内壁相互平行，如图2-2-54所示；螺栓在试装梯子时紧固。

5. 安装左、右踏板焊合和限位板

将左、右踏板焊合与前踏板相连，将两个限位板分别串在左、右踏板焊合上并固定在底座对应的螺纹孔上，连接底座的螺栓的螺纹部分涂螺纹锁固胶，如图2-2-55所示。

6. 安装护圈

将液压站管路护圈安装在内平台前踏板的液压站管线的穿线孔位置，如图2-2-56所示；将润滑站管线护圈安装在内平台前踏板的润滑泵的穿线孔位置，将滑环电缆护圈安装在内平台前踏板的滑环线穿线孔位置。

7. 安装动力电缆护圈

将动力电缆护圈安装在前踏板上，如图 2-2-57 所示。

图 2-2-53　吊装前踏板

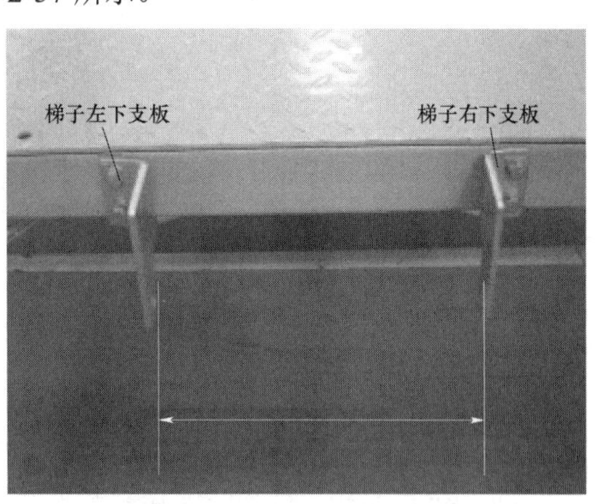

图 2-2-54　安装梯子左、右下支板

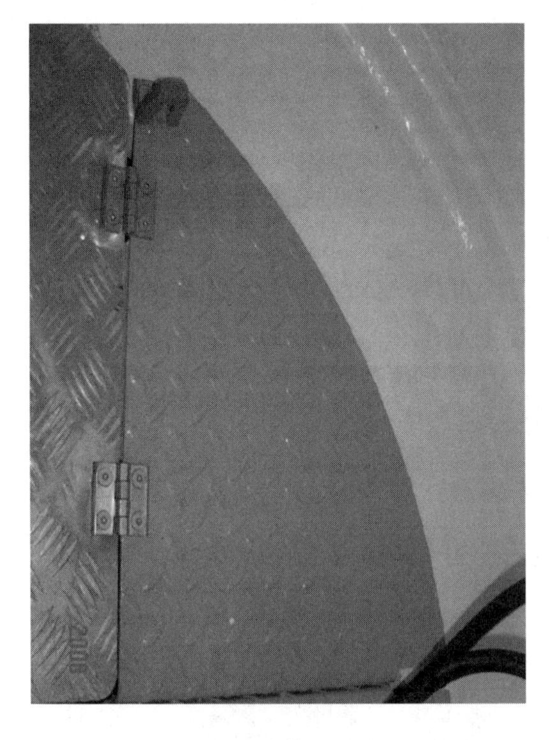

图 2-2-55　左踏板及限位板的安装

图 2-2-56　液压管路护圈

图 2-2-57　动力电缆护圈

8. 安装左、右平台门和把手

将左、右平台门分别与左、右踏板相连，将两个把手分别安装到左、右平台门上，使用螺钉进行紧固，螺钉的螺纹部分涂螺纹锁固胶，如图 2-2-58 所示。

9. 技术要求

内平台总成安装的技术要求如下：

图 2-2-58　左、右平台门及把手的安装

（1）U 形护边安装应牢固、美观。

（2）左、右平台门安装完后开启自如，无卡滞现象。

（3）保证内平台总成安装完后平整无翘曲。

（八）液压站的安装

1. 清理

用清洗剂和大布将液压站、液压站支架清理干净。

2. 粘贴

用万能胶将减振垫粘贴在液压站支架上（长孔的一面），如图 2-2-59 所示。

3. 连接液压站和液压站支架

将液压站固定在液压站支架上（液压站支架背靠背地安装），如图 2-2-60 所示。

4. 安装液压站

将液压站支架安装在前踏板上，如图 2-2-61 所示。

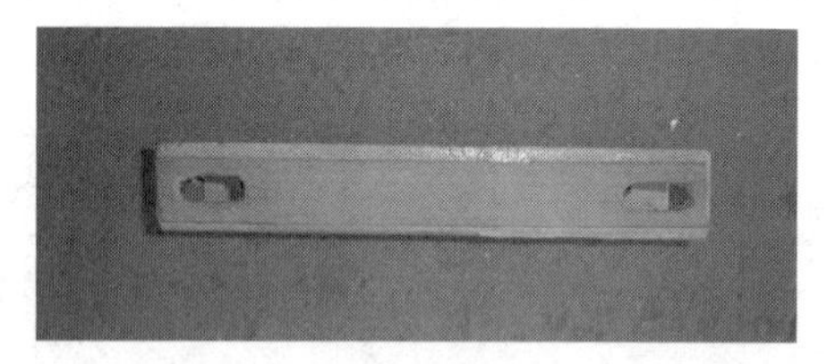

图 2-2-59　粘贴减振垫

图 2-2-60　固定液压站

图 2-2-61　安装液压站

5. 液压管线路的连接及固定

对液压管线路进行连接及固定。

6. 技术要求

液压站安装的技术要求为：

液压站手动手柄不得与其他零件干涉。

（九）润滑站及润滑齿轮的安装

1. 清理

用清洗剂和大布将润滑站支架、润滑站及附件、润滑齿轮总成清理干净。用丝锥将机舱底座上安装计数器支架、振动传感器支架和润滑小齿轮支架的相应螺纹孔清理干净，并过丝，如图 2-2-62 所示。

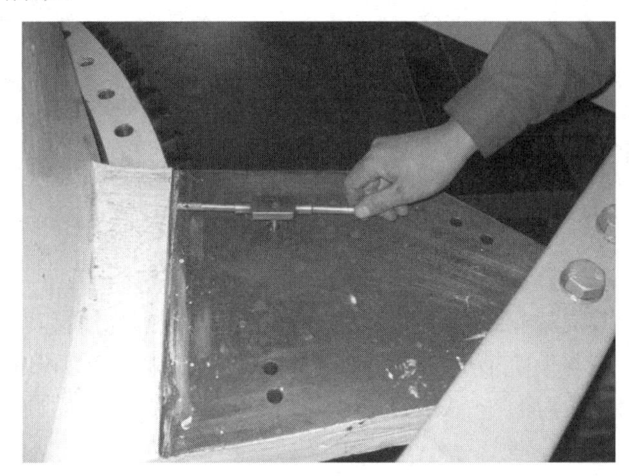

图 2-2-62　机舱底板清理、过丝

2. 加油脂

从润滑泵的手动加油口由下向上将润滑油脂加到润滑站的油脂桶内，充满泵室，如图 2-2-63 所示。将润滑泵安装到内平台后，再将润滑泵的油脂桶上盖打开，从上向下将润滑油脂加到油脂桶内，如图 2-2-64 所示。

图 2-2-63　由下往上加注润滑脂

图 2-2-64　由上往下加注润滑脂

3. 安装润滑站

用万能胶将减振垫粘贴在润滑站支架上，如图 2-2-65 所示；将润滑泵固定在润滑站支架上（螺栓头在靠近润滑泵罐体一侧），如图 2-2-66 所示；将润滑站支架安装在前踏板上，如图 2-2-67 所示。

图 2-2-65　粘贴减振垫

图 2-2-66　润滑罐和支架连接

4. 安装润滑小齿轮总成

将润滑小齿轮及其支架安装在底座上，要求润滑齿轮的上平面和偏航轴承大齿的上平面平齐。调节润滑齿轮与偏航轴承的外齿啮合间隙，要求润滑齿轮和偏航轴承外齿啮合情况良好（啮合双面间隙约为 1. 5～3mm）。螺栓的螺纹部分涂螺纹锁固胶。润滑小齿轮的安装如图 2-2-68 所示。

图 2-2-67　润滑站的安装

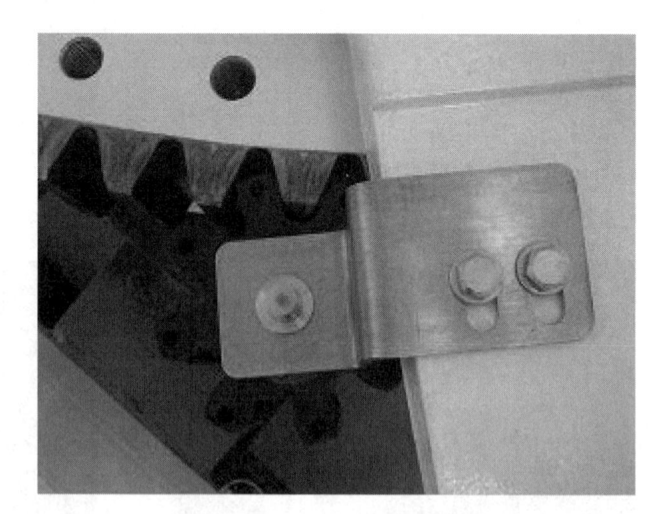

图 2-2-68　润滑小齿轮的安装

5. 润滑管线路的连接及固定

对润滑管线路进行连接及固定。

6. 技术要求

润滑站及润滑齿轮安装的技术要求如下：

（1）安装管路前油管中应充满油脂。

（2）要求各附件安装牢固、可靠、美观。

（3）连接管路时，要求先将润滑泵和分配器连接好，运行润滑泵，将分配器内试验用的润滑脂排出后，再连接分配器到各个润滑点的管路。

（4）保证管路美观，软管无扭曲。

（5）在内平台有棱角的地方，油管须用橡胶套保护。

（6）要求润滑齿轮的上平面和偏航轴承大齿的上平面平齐，调节润滑齿轮与偏航轴承的外齿啮合间隙，要求润滑齿轮和偏航轴承外齿啮合情况良好（啮合双面间隙约为 1.5～3mm）。

（7）安装完后需做润滑系统功能检测。润滑泵工作方向正确，检查各润滑点，保证每个润滑点能够打出润滑脂。

（十）下平台总成的安装

1. 清理

用清洗剂和大布将下平台总成中各零部件清理干净。

2. 安装

用两根吊带将下平台骨架焊合水平吊起，从底座上部套在底座上，注意不能伤及底座防腐层，如图 2-2-69 所示。

图 2-2-69 下平台骨架焊合吊装

下平台安装视频

3. 固定

将下平台骨架焊合上的光孔与底座前后端相应的螺纹孔对正，并将下平台骨架焊合固定在底座上，固定螺栓的螺纹旋合部分及螺栓头与平垫圈接触面涂固体润滑膏，按要求的力矩值分三次进行紧固，如图 2-2-70 和图 2-2-71 所示。

4. 防松标记及防锈处理

螺栓紧固完后，用红色漆油笔在螺栓六角头侧面与下平台骨架焊合连接面做防松标记，防松标记位于易观察部位。待防松标记完全干后均匀涂抹 MD-硬膜防锈油，要求清洁、均匀、无气泡。

图 2-2-70　固定下平台骨架焊合后端

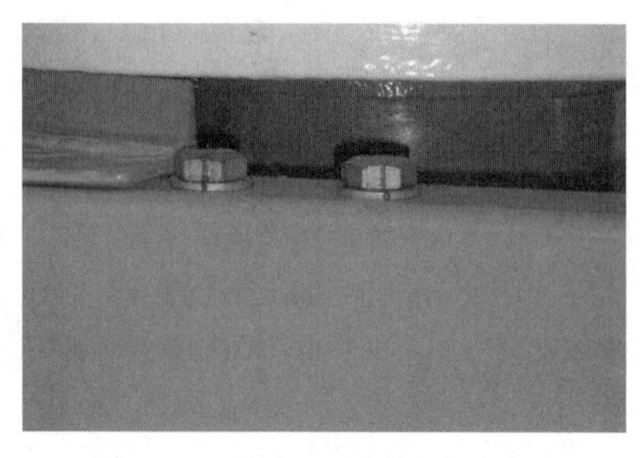

图 2-2-71　固定下平台骨架焊合前端

5. 试装左、右平板和后平板

将左平板、右平板和后平板分别在下平台骨架焊合上试装，若各板上有的孔位不合适，需进行修正，直至所有孔位均满足要求。

6. 安装 F 形护边

试装合格后，取下各平板，将 F 形护边分别安装在后平板、左平板和右平板各边紧靠底座边缘和紧靠机舱罩边缘的相应位置上，即内侧边缘和外侧边缘。直角弯处的护边要在 F 形护边带有卡簧的一侧剪一个开口，如图 2-2-72～图 2-2-74 所示。将 U 形护边安装在左平板的长圆孔边上，如图 2-2-75 所示。注意安装 F 型、U 型护边时用橡胶锤轻轻敲击，要求安装牢固。

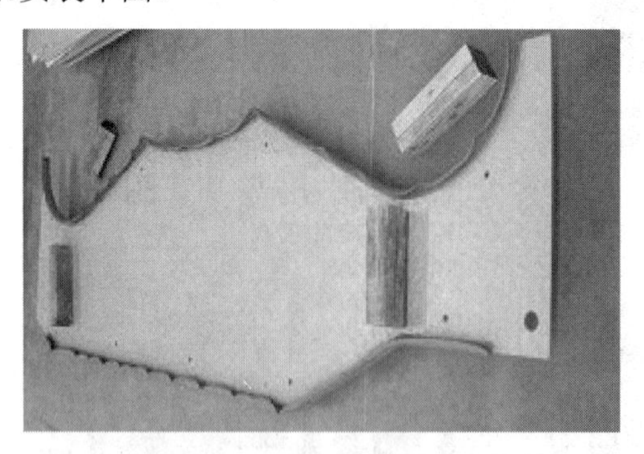

图 2-2-72　安装右平板 F 形护边

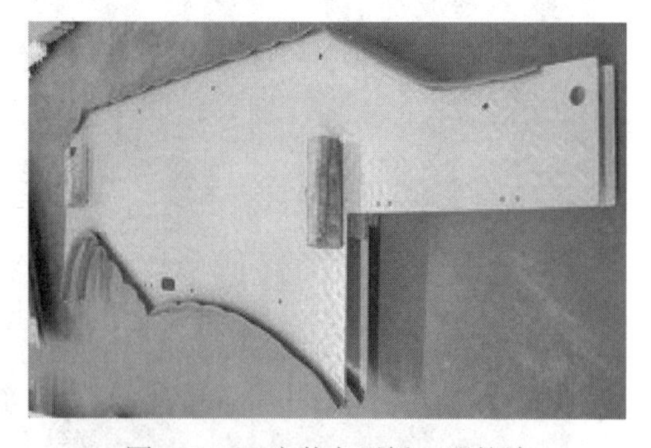

图 2-2-73　安装左平板 F 形护边

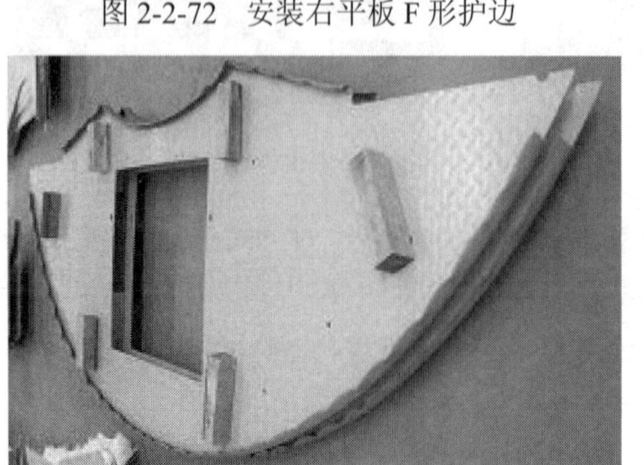

图 2-2-74　安装后平板 F 形护边

图 2-2-75　安装左平板 U 形护边

7. 粘贴减振垫

用万能胶将减振垫粘贴在下平台骨架焊合上，如图 2-2-76 和图 2-2-77 所示。

图 2-2-76 减振垫上涂胶

图 2-2-77 粘贴减振垫

8. 安装左、右平板和后平板

将左平板、右平板和后平板分别固定在下平台骨架上，如图 2-2-78～图 2-2-80 所示；将左盖板安装在左平板上，用万能胶将减振垫粘贴在左盖板下平面和下平台骨架前梁接触的平面上，用机械密封胶将 F 形护边粘贴在左盖板靠近底座的边上，如图 2-2-81 所示。

图 2-2-78 安装左平板

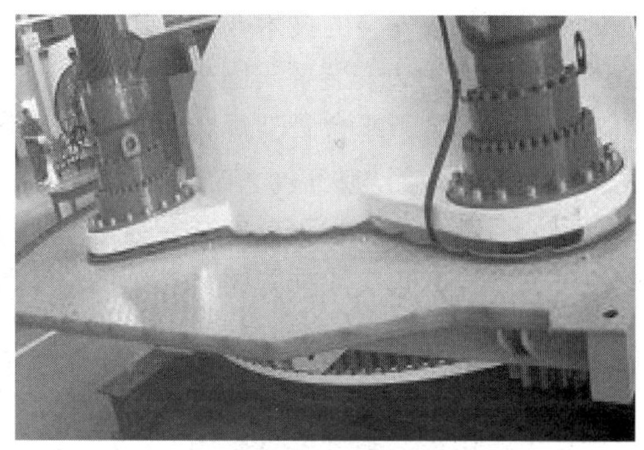

图 2-2-79 安装右平板

图 2-2-80 安装后平板

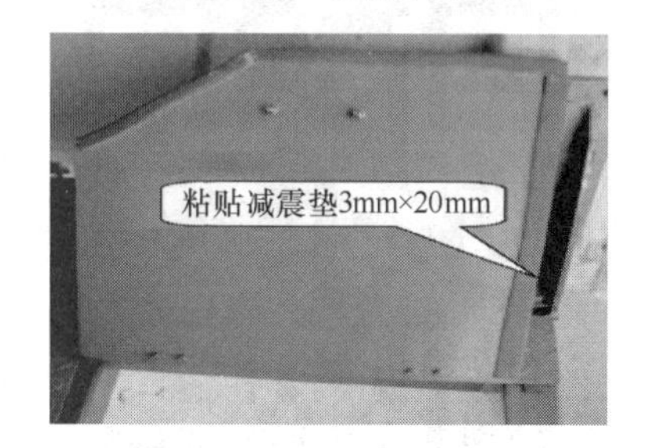

图 2-2-81 左盖板上粘贴减振垫

9. 安装下平台门及把手

将 2 个下平台门安装在后平板上，将 3 个把手安装到下平台门和左盖板上，紧固用螺钉的螺纹部分涂螺纹锁固胶。

10. 安装偏航轴承护板

将偏航轴承护板安装到下平台骨架焊合的前梁上，紧固螺栓的螺纹部分涂螺纹锁固胶，如图 2-2-82 所示。

图 2-2-82　安装偏航轴承护板

11. 技术要求

下平台总成安装的技术要求如下：

（1）F 形护边安装要牢固美观。

（2）在吊装下平台骨架焊合时，不得碰伤底座的防腐层。

（3）下平台门与左盖板安装完后开启自如，无卡滞现象。

（4）后踏板及左右踏板安装完后平整无翘曲。

（5）螺栓六角头涂抹防锈油必须清洁、均匀、无气泡。

（十一）上平台总成的安装

本部分内容为自学内容，学习者可通过观看安装视频，对上平台总成的安装步骤、工器具使用、技术要求等进行总结。

上平台安装

机舱接线视频

（十二）机舱罩总成的安装

本部分内容为自学内容，学习者可通过观看安装视频，对机舱罩总成的安装步骤、工器具使用、技术要求等进行总结。

机舱罩的组对及试装视频

机舱罩安装视频

（十三）提升机及其护栏总成的安装

1. 清理

用清洗剂和大布将提升机和提升机护栏总成各表面清洗干净。

2. 安装提升机

将提升机安装到提升机支架焊合上，再将提升机链盒安装到提升机支架焊合上，如图2-2-83所示。

3. 安装提升机护栏总成

将护栏固定到耳板焊合上，如图2-2-84所示。

图2-2-83　安装提升机

图2-2-84　安装护栏

4. 技术要求

提升机及其护栏总成安装的技术要求如下：

（1）提升机护栏总成安装完后，应保证各关节活动自如，不得有卡滞现象。

（2）根据塔架高度来选择对应的提升机。

（十四）测风系统总成的安装

1. 清理

用清洗剂和大布将测风系统支架焊合总成、护座和垫板清理干净，如图2-2-85所示。

将护座上的螺纹孔过丝，并清理干净。

2. 查看项目配置

如果项目要求安装航空障碍灯总成，则在测风系统支架焊合总成的立管上，按照工艺文件要求，钻一个孔，打孔后去除毛刺，如图 2-2-86 所示。

图 2-2-85　测风系统支架焊合总成

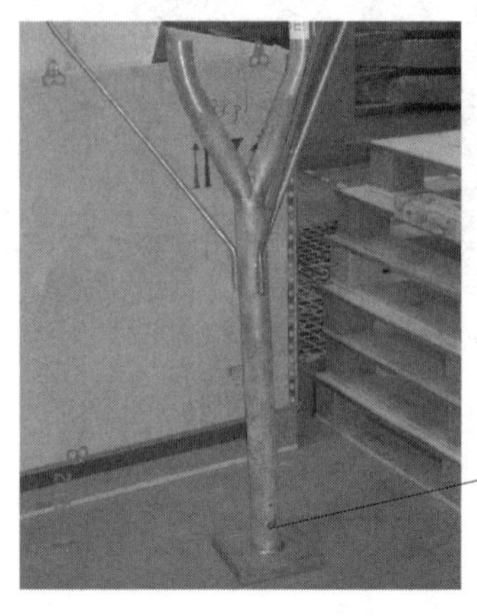

图 2-2-86　钻航空障碍灯安装孔

3. 安装护座

将护座固定在测风系统支架焊合总成上，紧固牢固。

4. 试装测风系统支架焊合

将测风系统支架焊合总成与机舱罩总成连接起来，固定牢固，如图 2-2-87 所示。

注意：垫板安装在导流罩体内，如图 2-2-88 所示。试装结束后，将测风系统支架焊合总成拆下，标准件包装后放置好。

图 2-2-87　测风系统支架试装

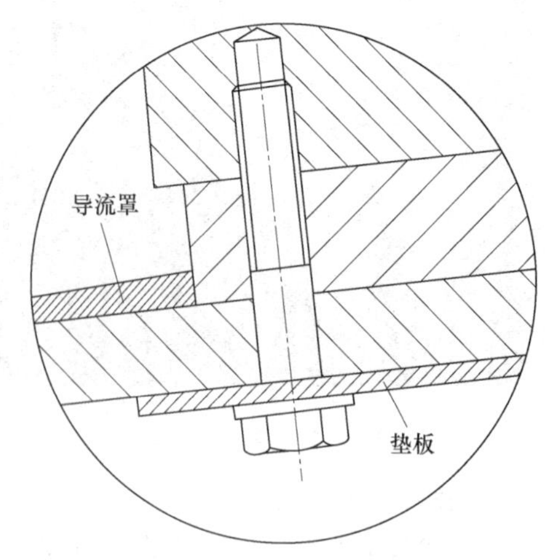

图 2-2-88　安装垫板

5. 技术要求

测风系统总成安装的技术要求如下：

（1）航空灯支座安装孔位置正确。

（2）试安装时，保证测风系统支架焊合总成轴线与地面垂直。

（十五）机舱总成运输前的准备

1. 偏航轴承大齿和偏航减速器驱动小齿的防锈

检查偏航轴承大齿的上下端面和齿面以及偏航减速器驱动小齿的齿面是否生锈，除锈清洁。用油漆刷在偏航轴承大齿的上下端面及齿面裸露的金属表面上均匀地涂抹一层 MD-硬膜防锈油；用油漆刷在偏航减速器驱动小齿的上下端面及齿面上均匀地涂抹一层 MD-硬膜防锈油，要求清洁、均匀、无气泡。

2. 安装吊具

将吊耳焊合安装到底座定轴连接面上，吊具与定轴连接面之间垫橡胶垫，用一个卸扣将一根专用吊带的一端和吊耳焊合连接在一起，专用吊带的另一端从上平台总成上的方孔穿出，通过机舱盖体挂在行车的主钩上，如图 2-2-89 所示。再将两个特制的吊环螺钉安装到底座偏航轴承安装面上的安装孔内，用两个卸扣将两根专用吊带的一端分别和两个特制的吊环螺钉连接在一起，专用吊带的另一端通过机舱盖体挂在行车的主钩上，如图 2-2-90 所示。

图 2-2-89 吊耳焊合与底座连接

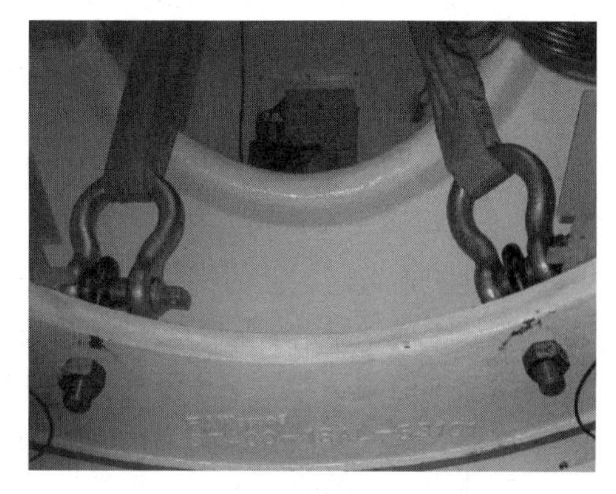

图 2-2-90 吊环螺钉与底座连接

3. 导出绑扎提升机链条

将提升机链条导到一个纸箱内盘好，用 3～4 根绑扎带均匀地将导出的提升机链条绑扎牢固，如图 2-2-91 所示。

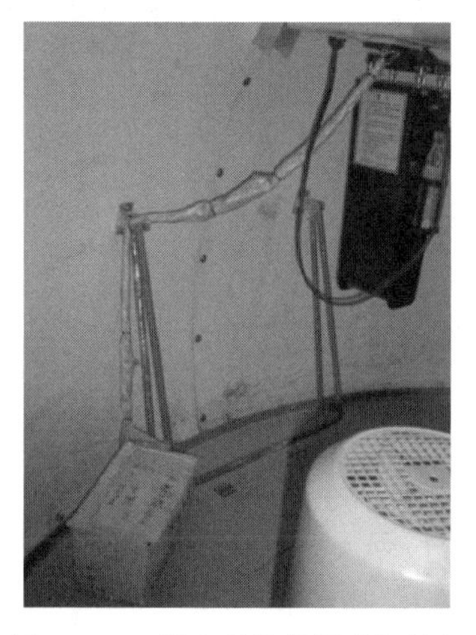

图 2-2-91 导出并绑扎提升机链条

机舱出厂自检视频

4. 后处理

将机舱总成清理干净，将机舱总成表面磕碰处进行补漆。

5. 零部件的包装防护

按照生产厂家的具体要求对有防护要求的零部件进行包装防护。

6. 吊装及固定

将机舱部分吊装到运输车辆上，按照生产厂家的具体要求进行固定。

7. 文件准备

按照生产厂家的具体要求编制《机舱部分随机零部件清单》《主要零部件清单（机舱部分）》《机组零部件缺件清单（机舱部分）》等文件。

8. 技术要求

机舱总成运输前准备工作的技术要求如下：

（1）偏航轴承大齿和偏航减速器驱动小齿的上下端面及齿面的防锈油涂抹要求清洁、均匀、无气泡。

（2）将提升机链条导出到纸箱内，盘好并绑扎牢固。

习题与思考题

1. 简述机舱装配工艺的相关规定。
2. 简述偏航轴承的安装工艺步骤及技术要求。
3. 简述偏航制动器的安装工艺步骤及技术要求。
4. 简述偏航减速器和偏航电机的安装工艺步骤及技术要求。
5. 简述内平台的安装工艺步骤及技术要求。
6. 简述机舱罩总成的安装工艺步骤及技术要求。
7. 简述机舱总成运输前的准备工作。

学习情境三　风力发电机组叶轮的安装与调试

任务一　叶 轮 部 件 介 绍

【能力目标】

1．能熟练掌握叶轮部件的组成。

2．能熟练掌握叶轮中各部件的工作位置和功能。

【知识目标】

1．掌握叶轮各部件的工作过程和工作原理。

2．掌握风力发电机组技术参数及其意义。

风作用在叶片上产生的升力使叶轮转动，叶轮的转动可将空气的动能转换为机械能。

以 1500kW 永磁直驱风力发电机组为例，叶轮采用三叶片、上风向的布置型式，每个叶片有一套独立的变桨机构，主动对叶片进行调节。叶片配备雷电保护系统，当遭遇雷击时，通过间隙放电器将叶片上的雷电经由塔架导入接地系统。叶片桨距角可根据风速和功率输出情况自动调节。

风力发电机组的叶轮部分一般由导流罩、叶片、轮毂、变桨系统总成等部分构成，如图 3-1-1 所示。

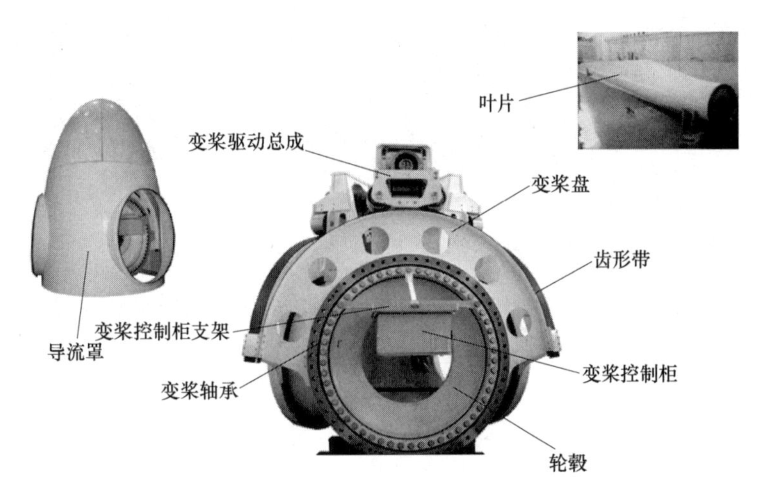

图 3-1-1　风力发电机组叶轮结构图

1. 轮毂

轮毂主要是安装变桨驱动支架、变桨轴承、延长节、叶片等部件的基础，采用球墨铸铁加工而成。轮毂的作用是将叶片固定在一起，并且承受叶片上传递的各种载荷，并将其传递到发电机转动轴上。轮毂结构如图 3-1-2 所示。

图 3-1-2　轮毂

风轮叶片介绍视频

2. 变桨系统总成

变桨系统的作用是使叶片在不同风速时，通过改变叶片的桨距角，使叶片处于最佳的吸收风能的状态，当风速超过切出风速时，使叶片顺桨刹车。变桨系统总成包括以下几个部分。

（1）变桨电机。变桨电机作为变桨系统中的动力源，为变桨减速器提供扭矩，从而带动变桨减速器工作。变桨电机如图 3-1-3 所示。

图 3-1-3　变桨电机

变桨系统介绍视频

（2）变桨减速器。变桨减速器为三级行星减速机构，是将变桨电机的高转速通过偏航减速器转化为低转速，将小转矩转化为大转矩，使变桨电机能够驱动叶片转动从而改变桨距角。变桨减速器结构如图 3-1-4 所示。

（3）变桨驱动支架。变桨驱动支架采用钢板制成，主要给变桨电机、变桨减速器做支架使用。变桨驱动支架结构如图 3-1-5 所示。

（4）变桨驱动齿轮。将变桨减速器输出扭矩传递给齿形带，从而带动变桨盘转动，其结构如图 3-1-6 所示。

（5）变桨盘。变桨盘采用钢板焊合制造而成，其结构如图 3-1-7 所示。

图 3-1-4　变桨减速器

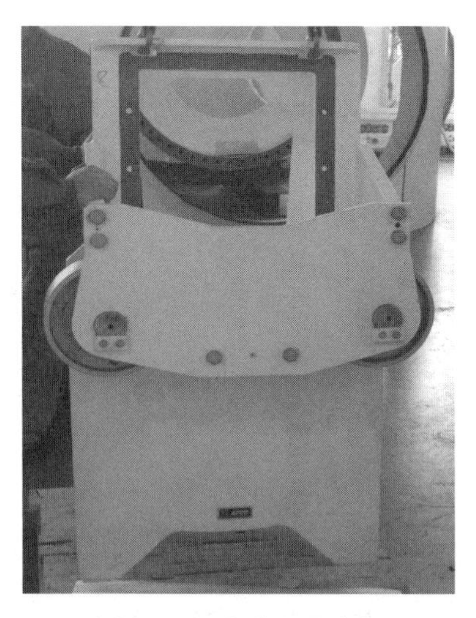

图 3-1-5　变桨驱动支架

图 3-1-6　变桨驱动齿轮

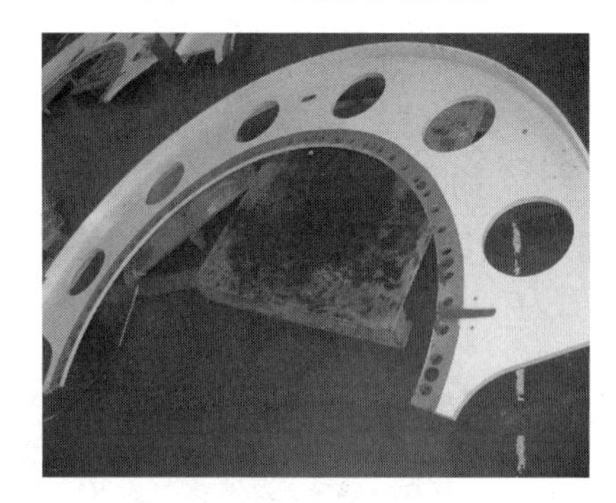

图 3-1-7　变桨盘

（6）变桨轴承。变桨轴承为双排四点接触球轴承，采用 42 铬钼钢制造而成，带一定的阻尼力矩。变桨轴承作为连接部件，轴承外圈与叶片连接，从而带动叶片转动。变桨轴承结构如图 3-1-8 所示。

（7）变桨控制柜。变桨控制柜主要通过控制变桨电机的转动，从而控制叶片的转动角度。变桨控制柜结构如图 3-1-9 所示。

图 3-1-8　变桨轴承

图 3-1-9　变桨控制柜

3. 其他附件

其他附件包括导流罩、变桨锁、限位开关、电缆桥架等。

任务二　风力发电机组叶轮安装与调试工艺

【能力目标】

1．能熟练掌握叶轮装配过程中的工装设备和工器具的使用方法。

2．能熟练掌握叶轮装配完成后的检测和调试方法。

【知识目标】

1．掌握叶轮各部件的安装工艺和安装步骤。

2．掌握叶轮各部件装配的技术要求。

一、叶轮装配的相关规定

以 1500kW 永磁直驱风力发电机组的叶轮装配为例，在装配前需对风力发电机组叶轮装配的技术要求进行规范，以保证装配工艺的规范性。

1．方向的规定

按照轮毂装配位置，规定人站在轮毂外边，面对轮毂的变桨轴承安装法兰面，左手位置为左，右手位置为右，安装转动轴的法兰面为下，安装变桨驱动支架的平面为上，如图 3-2-1 所示。

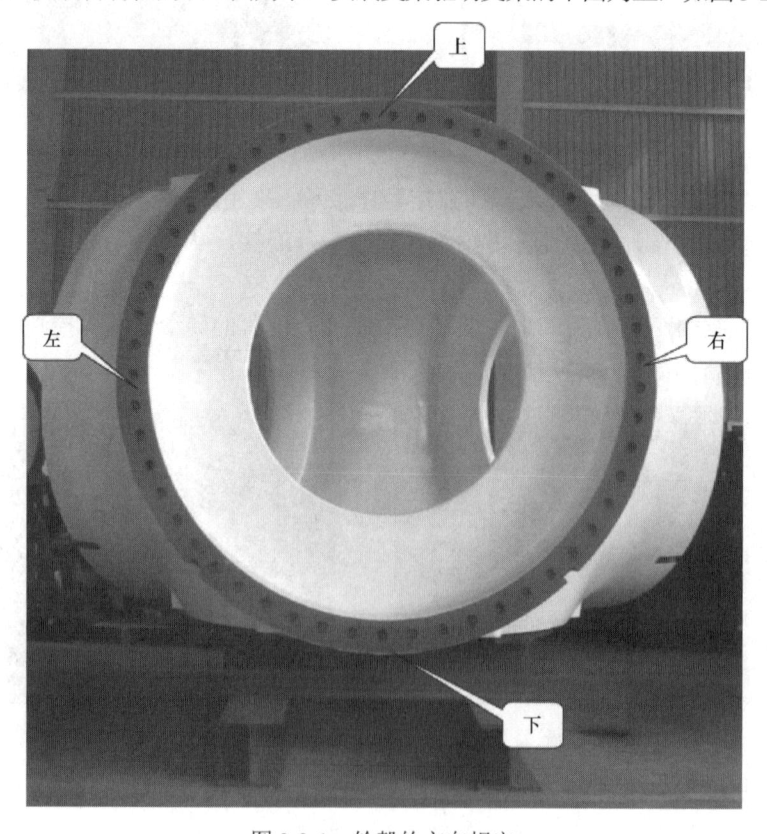

图 3-2-1　轮毂的方向规定

2. 0°和 90°标记线的规定

用细黑色记号笔做标记线，同一台机组的 0° 和 90° 标记线要一致，均为黑色直线，宽度约为 1.5～2mm。

3. 其他规定

叶轮装配过程中螺栓防松标记的规定、丝锥的选用及其使用要求、螺纹锁固胶的使用规定、固体润滑膏的使用规定、涂抹防锈油、工件清理要求、关于化学品侵蚀的规定均与机舱装配过程中的各项规定相同，学习者可参见学习情境二机舱装配的各规定。

二、风力发电机组的装配工艺与技术要求

（一）轮毂的清理及工装的连接

1. 清理

将轮毂上各塑料堵头拆掉，并将塑料堵头清理干净放置好，以备叶轮部分和机舱部分出厂时防护螺纹孔用。用平刮刀清理装配面的毛刺和多余的防腐层，不合格的防腐层要用对应的防腐材料进行修补。用加长丝锥对轮毂上的螺纹孔过丝，用压缩空气将螺纹孔内的污物吹干净，用大布和清洗剂将轮毂各表面清理干净。

2. 吊梁吊具的安装

用一个卸扣将一根吊带的一端固定在轮毂吊具上，吊带的另一端挂在行车的主钩上，如图 3-2-2 所示。

3. 轮毂与工装固定

叶轮防护罩分为罩底和罩体两部分。将叶轮防护罩罩底铺在运输支架上，将罩底的孔和运输支架上的孔对正，将轮毂摆放在支架上，紧固连接螺栓，如图 3-2-3 所示。螺栓螺纹旋合面涂固体润滑膏。

注意：运输支架与轮毂的相对位置，如图 3-2-4 和图 3-2-5 所示。

图 3-2-2　吊具的安装

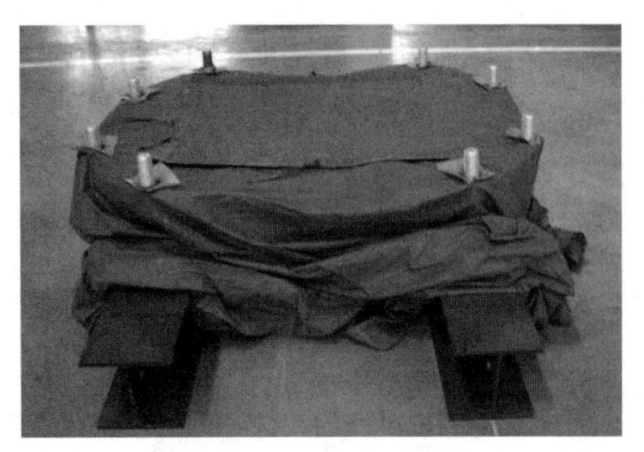

图 3-2-3　防护罩的固定

4. 拆卸吊具

将轮毂吊具卸掉，放置在规定位置。

5. 画“0”刻度线

人站在轮毂外边，面对轮毂的变桨轴承安装法兰面，右边法兰面上的标记线为“0”刻度线，用直角尺和细黑色记号笔将“0”刻度线画在轮毂的内、外两表面上，长 100mm，

宽 1.5～2mm，如图 3-2-6 和图 3-2-7 所示。

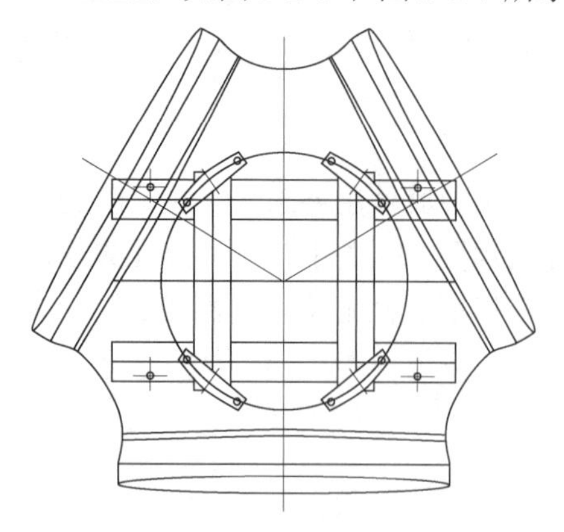

图 3-2-4 支架与轮毂的相对位置（一）

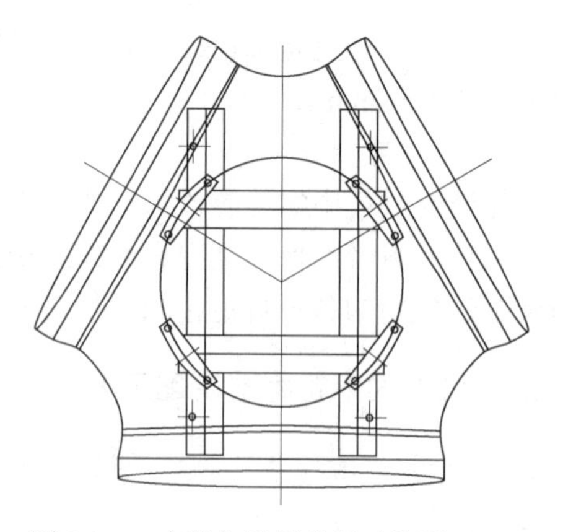

图 3-2-5 支架与轮毂的相对位置（二）

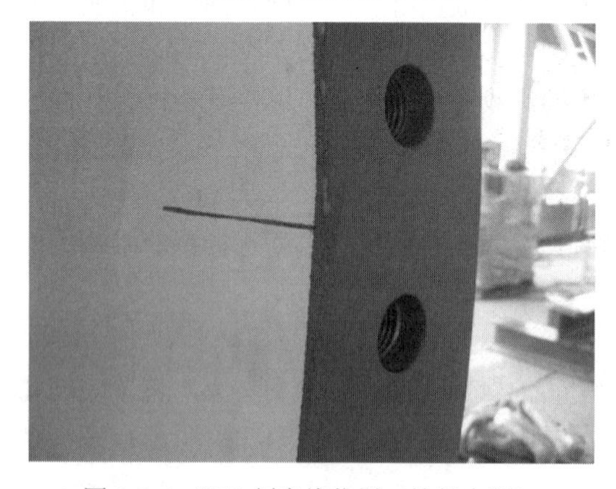

图 3-2-6 “0”刻度线位置（轮毂内侧）

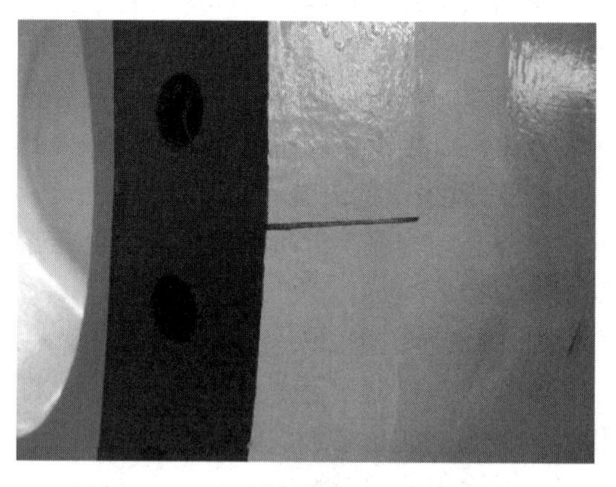

图 3-2-7 “0”刻度线位置（轮毂外侧）

备注：如果供应商在轮毂的变桨轴承安装法兰面上没有做“0”刻度线标记，可以用下面的方法做出“0”刻度线：人站在轮毂外边，面对轮毂法兰面，轮毂上 12 点的螺纹孔为第一孔，顺时针数，第 14 孔的孔心和第 15 孔的孔心连线的中垂线即为“0”刻度线，并将其延伸到轮毂的内外表面上，如图 3-2-8 所示。

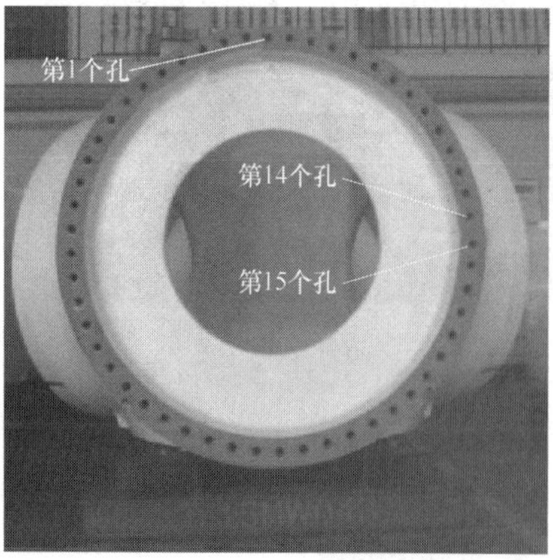

图 3-2-8 标记“0”刻度线位置

6. 技术要求

轮毂的清理及工装连接的技术要求如下：

（1）变桨系统运输支架焊合和各工装下面垫放橡胶垫，以免损伤地面和轮毂防腐面。

（2）“0”刻度线要求位置正确，标记线延伸到轮毂的内、外表面上，长 100mm，宽 1.5～3mm。

（二）变桨盘总成的安装

1. 清理

拆除变桨轴承的包装物，注意：不能损伤密封圈。用大布和清洗剂将变桨轴承和变桨盘清理干净，用平刮刀清理变桨盘上多余的防腐层，用丝锥对变桨轴承和变桨盘的螺纹孔过丝。

2. 摆放变桨轴承

安装变桨轴承吊具，如图 3-2-9 和图 3-2-10 所示。将变桨轴承吊运到工位上，摆放在三块垫木上（垫木高度 200mm），变桨轴承（图 3-2-11）内圈高于外圈的面朝上，如图 3-2-12 所示。其余两个变桨轴承的放置方法相同。如果变桨轴承内外圈的软带或堵塞的相对位置不是 50°，按图 3-2-13 进行调整。

图 3-2-9　吊具

图 3-2-10　安装吊具

图 3-2-11　变桨轴承剖面图

图 3-2-12　变桨轴承的吊装及摆放

图 3-2-13　调整变桨轴承内外圈软带位置

3．摆放变桨盘

将变桨盘摆放在两块垫木上，安装变桨锁的平面朝上放置，如图 3-2-14 所示；将两个吊环螺钉安装到变桨盘上，将一根吊带对折中间挂到行车的吊钩上，用卸扣将吊带的两端分别固定到吊环螺钉上。

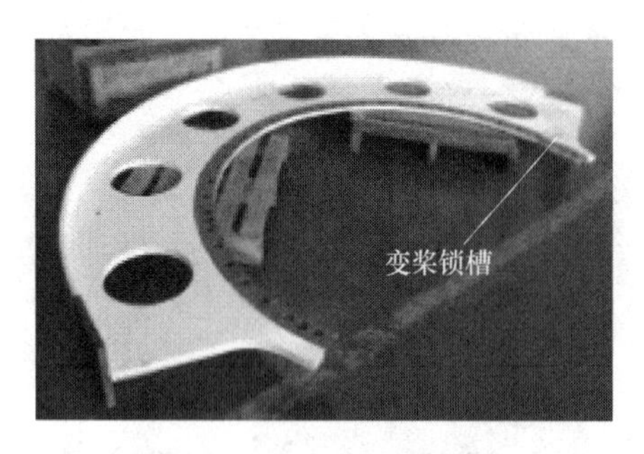

图 3-2-14　变桨盘的摆放

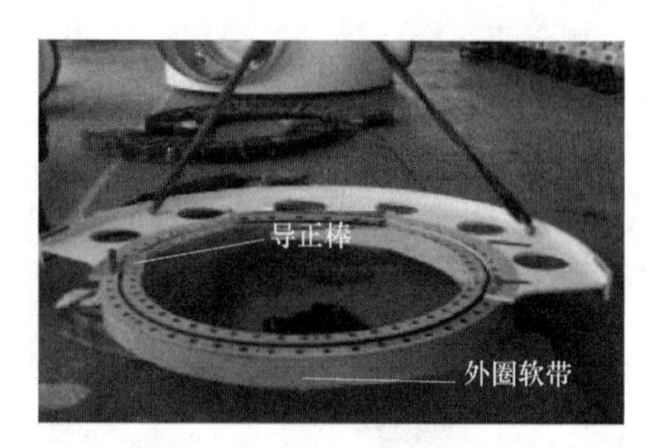

图 3-2-15　变桨盘的吊装

4．变桨盘的安装方法

将变桨盘吊运到变桨轴承上面，将两个导正棒插入变桨盘两端的两个光孔使之与变桨轴承上的光孔对正，如图 3-2-15 和图 3-2-16 所示。调整变桨盘的位置，用第三个导正棒依次通过变桨盘和变桨轴承上其余的光孔，确保对正。再将变桨盘固定到变桨轴承外圈上。

图 3-2-16　导正变桨盘

图 3-2-17　外圈软带位置

注意：变桨盘与变桨轴承外圈连接时，变桨轴承外圈的软带位置（S 区或堵塞）应位于变桨盘的对面（约 180°），如图 3-2-17 所示。

5．技术要求

变桨盘总成安装的技术要求如下：

（1）变桨盘总成与变桨轴承外圈连接时，变桨轴承内圈高于外圈的面朝上。摆放变桨盘时，安装变桨锁的面朝上，变桨轴承外圈软带或堵塞位于变桨盘对面。

（2）根据订货方具体要求来选择 54 孔或 64 孔的变桨盘和变桨轴承。

（3）安装变桨盘时，变桨盘上光孔必须和变桨轴承外圈的光孔对正。

（三）变桨轴承的安装

1．清理

用清洗剂和大布将轮毂的安装表面清理干净。

2. 安装吊具

用一套变桨轴承安装吊具穿过变桨盘和变桨轴承外圈的光孔。用两个卸扣将一根吊带的两端分别与变桨轴承安装吊具上的两个吊具耳板相连，吊带的另一端挂在行车主钩上，如图 3-2-18 和图 3-2-19 所示。

图 3-2-18 变桨轴承吊具

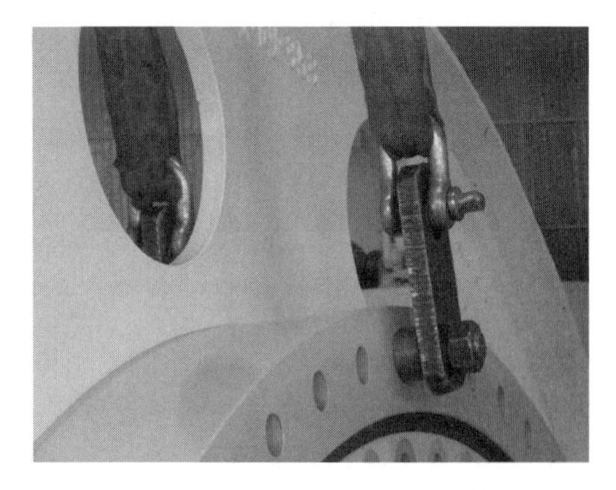

图 3-2-19 安装吊具

3. 安装变桨轴承导正棒

在轮毂 6 点位置的螺纹孔上安装变桨轴承导正棒，如图 3-2-20 所示。

4. 安装变桨轴承

在变桨轴承内圈 6 点位置的光孔穿入导正棒，再将变桨轴承内圈上其余光孔与轮毂相应的螺纹孔对正，将变桨轴承固定到轮毂上，紧固螺栓的螺纹旋合面和螺栓头部与平垫圈接触面涂固体润滑膏；拆下变桨轴承安装吊具，如图 3-2-21 和图 3-2-22 所示。

5. 预留变桨控制柜的固定螺栓

不同生产厂家生产的变桨控制柜固定方式不同，所以变桨控制柜预留安装螺栓孔的位置也不同，此处只介绍 Freqcon 变桨控制柜的预留位置。

图 3-2-20 安装导正棒

图 3-2-21 吊装变桨轴承

图 3-2-22　安装变桨轴承固定螺栓

变桨轴承安装视频

Freqcon 变桨控制柜预留 5 个固定螺栓，暂时不拧紧，以变桨轴承 12 点位置的螺栓为基准，左、右各预留第 8 和第 9 个螺栓，如图 3-2-23 所示。

6. 软带和堵塞的相对位置

安装变桨轴承时变桨轴承 S 软带和堵塞的位置要符合规定，根据不同生产商的要求，变桨轴承具体分类如下：

第一种：外圈两个堵塞，内圈一个 S 软带（图 3-2-24、图 3-2-25）。

内圈 S 软带的安装位置：人站在轮毂外，面向轮毂，规定轮毂上固定轴承的 6 点位置的螺纹孔为第 1 孔，逆时针数第 8 孔和第 9 孔中间为变桨轴承内圈 S 软带位置（图 3-2-26）。

图 3-2-23　Freqcon 变桨控制柜预留螺栓孔位置

图 3-2-24　外圈两个堵塞

图 3-2-25　内圈一个 S 软带

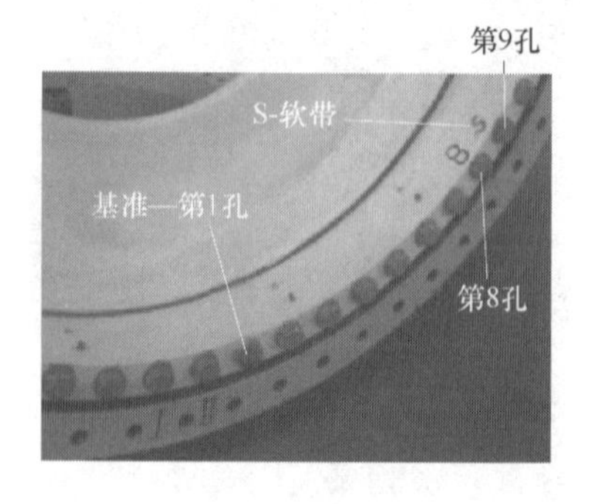

图 3-2-26　第一种 S 软带的安装位置

外圈堵塞与变桨盘的相对位置：安装变桨盘时，变桨轴承外圈的第Ⅱ个堵塞位于变桨盘对面（约 180°），固定变桨轴承。

第二种：外圈一个 S 软带，内圈两个堵塞。

内圈两个堵塞的安装位置：人站在轮毂外，面向轮毂，规定轮毂上固定轴承的 6 点位置的螺纹孔为第 1 孔，逆时针数第 8 孔和第 9 孔中间为变桨轴承内圈第Ⅰ个堵塞的位置，如图 3-2-27 所示。

外圈 S 软带与变桨盘的相对位置：安装变桨盘时，变桨轴承外圈 S 软带位于变桨盘对面（约 180°），固定变桨轴承。

第三种：外圈两个 S 软带（红点）相距 180°，内圈两个堵塞相距 180°。

内圈堵塞的安装位置：人站在轮毂外，面向轮毂，规定轮毂上固定轴承的 6 点位置的螺纹孔为第 1 孔，逆时针数第 8 孔和第 9 孔中间为变桨轴承内圈任意一个堵塞的位置（图 3-2-28）。

图 3-2-27　第二种 S 软带和堵塞的安装位置

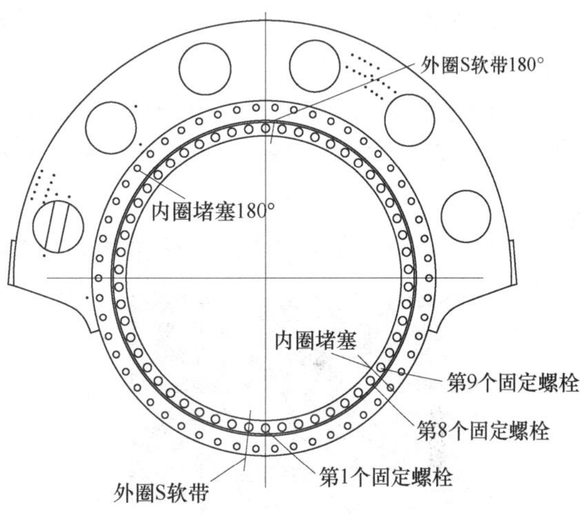

图 3-2-28　第三种 S 软带和堵塞安装位置

外圈两个 S 软带与变桨盘的相对位置：安装变桨盘时，变桨轴承外圈任意一个 S 软带位于变桨盘对面（约 180°），固定变桨轴承。

7. 固定螺栓

螺栓的紧固顺序为十字形对称紧固，分三次紧固。打力矩前按照气动扳手上的压力值与力矩值对照表，将气动扳手的气动单元的压力值调节到相应的压力值。调整好气动单元的压力值后，试打一个螺栓的力矩，再用扭力扳手调整到相应的力矩值，对气动扳手的打力矩值进行校对。使用气动扳手时应对气动扳手的反作用力臂做好防护，不能伤及变桨轴承和螺栓的防腐层。也可以使用相应力矩值的液压扳手和电动扳手。

8. 检验

调整扭力扳手的力矩值至标准值，依次检查已经打好力矩的紧固螺栓，若有不合格，则继续打力矩，直至合格为止。

9. 后处理

螺栓的力矩检查完毕后，在螺栓的六角头部及其连接件接触面上用红色漆油笔做防松

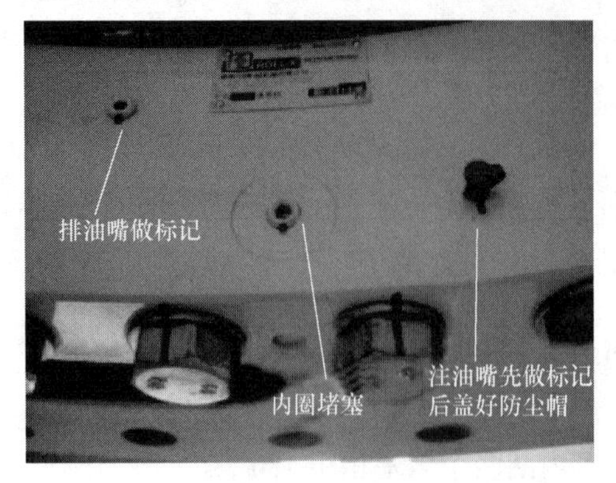

图 3-2-29　后处理

标记。并在紧固螺栓的六角头部裸露部分涂MD-硬膜防锈油，要求清洁。最后取下注油嘴的防尘帽，检查紧固注油嘴和排油嘴，用红色漆油笔做标记，盖好注油嘴的防尘帽，如图3-2-29 所示。

10. 技术要求

变桨轴承安装的技术要求如下：

（1）将轮毂和轴承的连接表面清理干净。

（2）将变桨轴承与轮毂的连接螺栓全部穿上并预紧后，方可取下变桨轴承安装吊具。

（3）螺栓的螺纹旋合面和螺栓头部与平垫圈接触面涂固体润滑膏，螺栓紧固顺序为对称紧固。

（4）预紧固螺栓时，如果螺栓有卡塞，立刻停止紧固，取出螺栓检查螺纹孔，对螺纹孔清理过丝或更换螺栓。

（5）根据项目合同的要求预留变桨控制柜支架的固定螺栓。

（6）安装完变桨轴承后，用红色漆油笔在螺栓六角头部做防松标记，涂 MD-硬膜防锈油。

（7）变桨轴承安装完成后，检查紧固注油嘴和排油嘴，用红色漆油笔做标记。

叶轮安装后的人工变桨视频

风力发电机组液压变桨与偏航系统视频

（四）变桨减速器和变桨驱动齿轮的安装

1. 清理

用清洗剂和大布将变桨减速器、调节滑板、垫板、变桨驱动支架总成和变桨驱动齿轮等零部件清理干净。用丝锥将调节滑板上的螺纹孔过丝，用专用加长丝锥将调节滑板侧面的螺纹孔过丝。用压缩空气清理干净螺纹孔。检查张紧轮的转动状态，转动不灵活时应调整使其转动灵活，张紧轮轴裸露的圆周面和两端面刷 MD-硬膜防锈油。

2. 变桨减速器打力矩支架的防护与摆放

将变桨减速器打力矩支架放置在相应的工位上，如图 3-2-30 所示。支架与变桨减速器接触的部位用胶垫做好防护，以免碰伤变桨减速器的防腐层，如图 3-2-31 所示。

图 3-2-30　打力矩支架

图 3-2-31　打力矩支架的防护

3. 安装垫板和调整滑板

将变桨减速器吊置到变桨减速器打力矩支架上，将垫板的小端面朝下安装到变桨减速器的法兰面上，对正孔位。然后将调整滑板带止口的端面朝下安装到垫板上，要求变桨系统调节滑板上两个 M16 调整螺栓的螺纹孔与变桨减速器安装变桨电机的法兰面成 180°，即方向相反，如图 3-2-32 所示。

4. 固定垫板和调整滑板

将垫板和调节滑板固定到变桨减速器上，螺钉的紧固顺序为对称紧固，分两次打力矩。螺栓的螺纹旋合面涂螺纹锁固胶。用同样方法安装其余两台垫板和调节滑板，如图 3-2-33 所示。

图 3-2-32　安装调节滑板

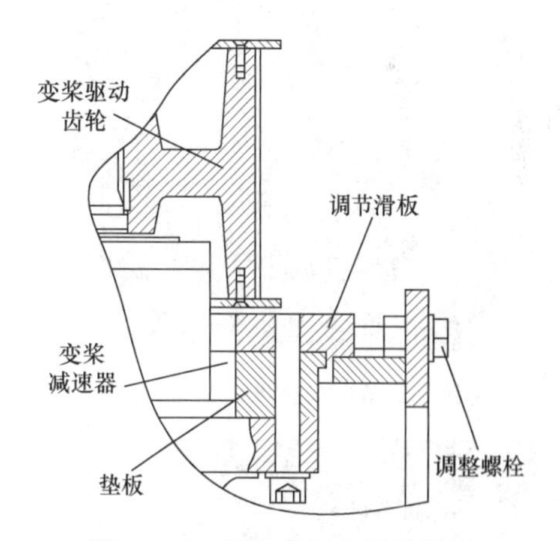

图 3-2-33　固定垫板和调节滑板

5. 安装变桨驱动齿轮

将变桨驱动齿轮的内花键与变桨减速器的外花键正确啮合（内孔端面到变桨传动齿轮端面距离小的一端朝上，如图 3-2-34 所示）。安装变桨驱动齿轮之前在下端面上刷 MD-硬膜防锈油。

6. 安装变桨驱动齿轮的压盖

安装变桨驱动齿轮的压盖时，将压盖的销孔和减速器轴的销孔对正，用不锈钢内六角头螺钉将压盖固定到变桨减速器上，螺钉紧固顺序为对称紧固，螺栓的螺纹旋合面涂螺纹锁固胶。将大弹簧销有倒角的一端对正销孔装入，使弹簧销端面与压盖端面平齐，再将小弹簧销装入，使小弹簧销端面与压盖端面平齐。

注意：大小弹簧销的开口成 180°，如图 3-2-35 所示。

图 3-2-34　安装变桨驱动齿轮

图 3-2-35　安装变桨驱动齿轮的压盖

7. 安装吊环螺钉

在变桨减速器花键轴的中心孔内安装 M12 的吊环螺钉，如图 3-2-36 所示。

8. 安装变桨减速器

将变桨减速器安装到变桨驱动支架（图 3-2-37）上，如图 3-2-38 和图 3-2-39 所示。旋紧螺栓，螺栓的螺纹旋合面和螺栓头部与平垫圈接触面涂固体润滑膏。调整好位置再紧固螺栓。

图 3-2-36　安装吊环螺钉

图 3-2-37　变桨驱动支架

图 3-2-38　吊装变桨减速器

图 3-2-39　安装变桨减速器

9. 安装旋编齿轮支架和旋编驱动齿轮

将旋编驱动齿轮安装在旋编齿轮支架上，用弹簧销固定。再将旋编齿轮支架固定在压盖上，紧固螺栓的螺纹旋合面涂螺纹锁固胶，紧固支架的弹簧销端面低于旋编齿轮支架固定板平面 5mm，如图 3-2-40 和图 3-2-41 所示。

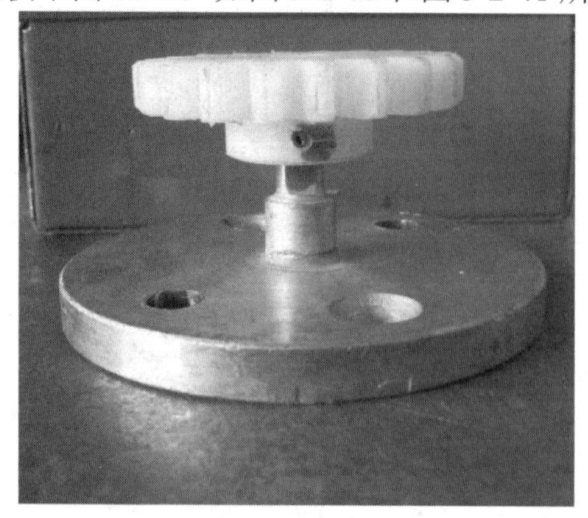

图 3-2-40　旋编驱动齿轮的安装

图 3-2-41　旋编驱动齿轮

10. 安装旋转编码器和旋编齿轮

将旋转编码器固定在旋编固定板上，螺纹部分涂螺纹锁固胶，如图 3-2-42 所示。用弹簧销或旋编锁紧销将旋编齿轮固定在旋转编码上，如图 3-2-43 所示。

注意：保证旋转编码的轴不能受冲击、不能弯曲。

图 3-2-42　固定旋转编码器

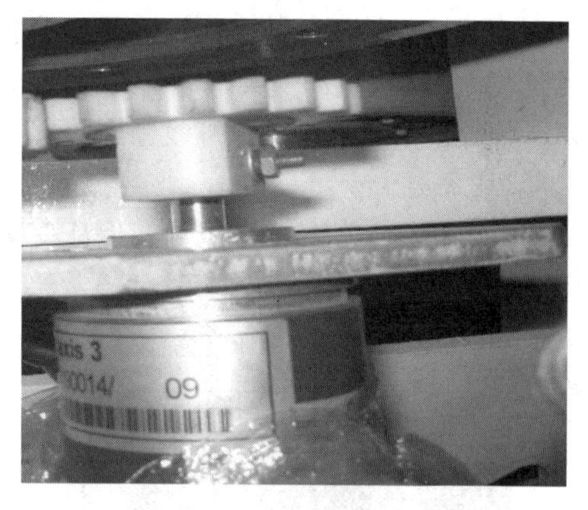

图 3-2-43　固定旋编齿轮

11. 安装 LUST 和 SSB 旋编固定板

将旋编固定板固定在变桨驱动支架上，如图 3-2-44 所示。

注意：螺栓不要紧固，待电气做完试验，调整好旋编齿轮啮合间隙后再紧固螺栓，螺栓的螺纹部分涂螺纹锁固胶。

12. 技术要求

变桨减速器和变桨驱动齿轮安装的技术要求如下：

（1）安装压盖时，要使压盖上面的销孔对应减速器花键上面的销孔。

图 3-2-44　固定旋编固定板

变桨驱动装配视频

（2）将调节滑板的调整螺栓旋到底后再调整到合适位置。

（3）检查张紧轮转动状态，转动不灵活时应调整使其转动灵活。

（4）安装驱动齿轮和旋编齿轮时注意不能损坏安装轴。

（五）变桨电机的安装

1. 清理

用清洗剂和大布将变桨电机和变桨减速器的轴孔及法兰面清理干净。用丝锥将变桨减速器上的螺纹孔过丝，用压缩空气将螺纹孔内的污物清理干净，吊装变桨电机，如图 3-2-45 所示。

2. 变桨电机的安装

在变桨电机输出轴的表面涂一层润滑脂，如图 3-2-46 所示。清理干净变桨减速器轴孔内的污物。变桨电机和变桨减速器连接起来，连接螺栓的紧固顺序为对称紧固，如图 3-2-47 所示。螺栓的螺纹旋合面涂螺纹锁固胶。

3. 技术要求

变桨电机安装的技术要求为：保证变桨电机出线盒的位置正确，便于电气人员接线。

图 3-2-45　吊装变桨电机

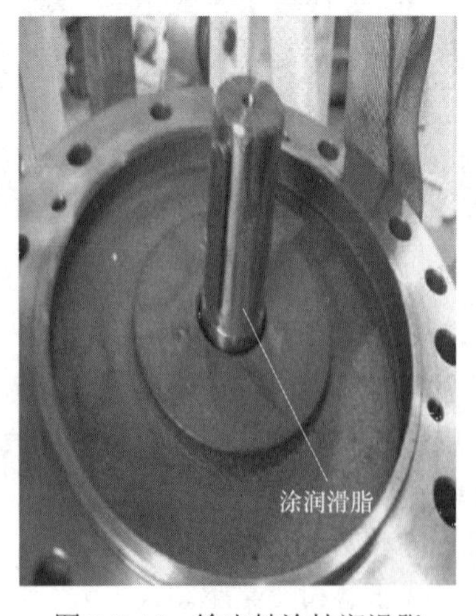

图 3-2-46　输出轴涂抹润滑脂

图 3-2-47　安装变桨电机

（六）变桨驱动总成的安装

1. 涂导电膏

在轮毂的变桨驱动总成安装面上涂抹一层导电膏，如图 3-2-48 所示。

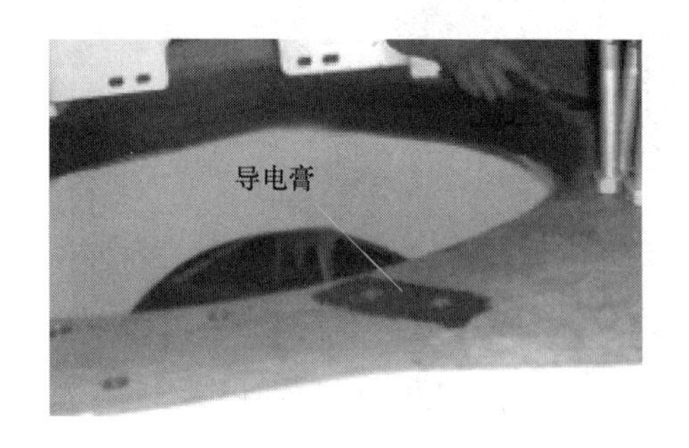

图 3-2-48　涂导电膏

2. 安装

将吊带对折后，用吊带将变桨驱动总成吊装到轮毂上，吊带需要做好防护，如图 3-2-49 所示。将变桨驱动总成分别安装到轮毂上，螺栓的紧固顺序为对称紧固，分三次紧固，螺栓的螺纹旋合面和螺栓头部与平垫圈接触面涂固体润滑膏。

图 3-2-49　安装变桨驱动总成

注意：吊装前可以先将齿形带安装到变桨驱动齿轮和张紧轮上。

3. 后处理

齿形带调整完成，检查紧固螺栓的力矩，在螺栓的六角头部及其连接件接触面上用红色漆油笔做防松标记。螺栓的六角头部裸露部分涂 MD-硬膜防锈油，要求清洁。

（七）齿形带的安装

1. 安装齿形带一端

人站在轮毂外，面朝变桨轴承，将外压板和齿形带的一端固定到变桨盘的左端齿板上，要求齿形带上的齿与齿板上的齿相啮合，齿形带下端距离外压板下端预留四个齿的长度，如图 3-2-50 所示，螺栓对称紧固。

2. 安装齿形带另一端

人站在轮毂外，面朝变桨轴承，将变桨驱动支架上固定调节滑板的螺栓松开，使调节滑板在最低位置。将齿形带的另一端分别穿过两个张紧轮和变桨驱动齿轮，将齿形带拉紧，如图 3-2-51 所示。将齿形带的另一端安装到变桨盘右端齿板上，安装方法同上。

图 3-2-50　齿形带一端的固定

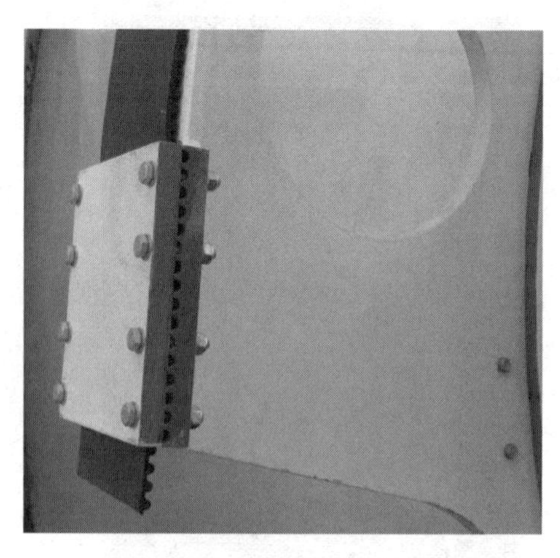

图 3-2-51　齿形带顶部的固定

3. 调整齿形带的频率

用皮带张力测量仪测量齿形带的振动频率，要求振动频率在限定值之间。

调整齿形带频率的步骤为：将传感器放置在张紧轮与变桨驱动轮之间的齿形带上，用小锄头敲击齿形带，查看测量仪显示的频率值，如果振动频率小于最小限定值，则调整调节滑板上的调节螺栓，将齿形带拉紧，再次测量振动频率直到合格；如果高于最大限定值，调整调节滑板上调节螺栓，将齿形带放松；然后再次测量齿形带的振动频率，直到齿形带的振动频率在极限值之间，紧固调节滑板侧面的调整螺栓的螺母，如图 3-2-52 所示。

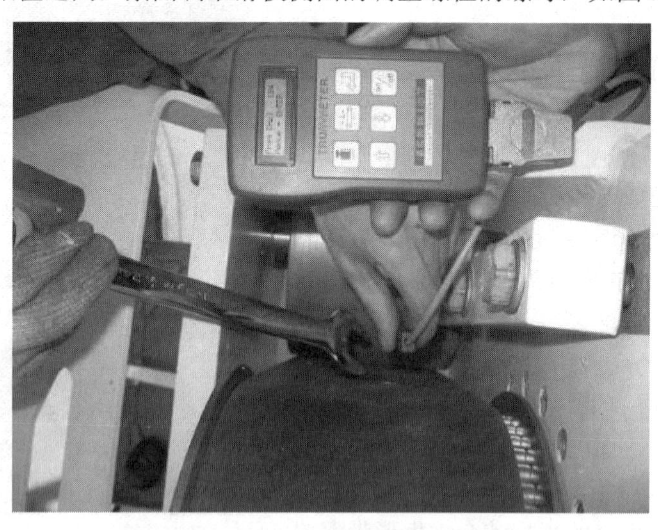

图 3-2-52　调整齿形带频率

4. 调整齿形带

变桨盘在 5°～87°范围内变桨六次，如果齿形带两侧与变桨驱动齿轮立边不接触则为合格，如图 3-2-53 所示，如果齿形带一侧与变桨驱动齿轮立边接触则为不合格。当不合格时，调整方法为：如果内侧接触，将调整滑板的螺栓旋松，在上端调整滑板和变桨驱动支架之间的左右两边对称加调整垫片；如果外侧接触，将调整滑板的螺栓旋松，在下端调整滑板和变桨驱动支架之间的左右两边对称加调整垫片，如图 3-2-54～图 3-2-57 所示。

图 3-2-53　合格的齿形带

5. 紧固螺栓

紧固调整滑板的固定螺栓，分两次紧固。

图 3-2-54　齿形带向内侧偏离

图 3-2-55　内侧偏离的调整方法

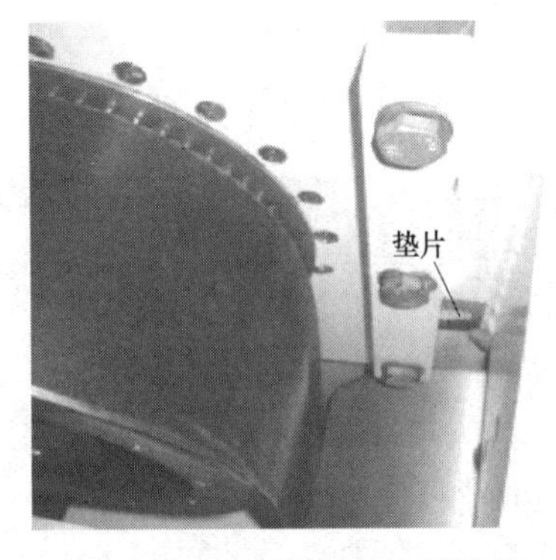

图 3-2-56　齿形带向外侧偏离

图 3-2-57　外侧偏离的调整方法

6. 拆卸右端齿形带

将齿形带右端松开，将紧固螺母拆下放好（可重复利用），将齿形带右端从外压板下取出来，用绑扎带将齿形带固定在变桨盘上，如图 3-2-58 所示。

图 3-2-58 拆卸右端齿形带

7. 后处理

安装完成后，调节滑板的裸露金属面涂 MD-硬膜防锈油，要求清洁、均匀。

8. 技术要求

变桨驱动总成安装的技术要求如下：

（1）齿形带应放置在压板中间。

（2）MD-硬膜防锈油应清洁、均匀、无气泡。

（3）齿形带的振动频率必须调节到限定值之间。

（八）变桨控制柜支架总成和变桨控制柜的安装

1. 清理

用大布和清洗剂将变桨控制柜、连接框焊合、电缆固定支架、横梁焊合和斜支撑清理干净，如图 3-2-59～图 3-2-62 所示。

2. 放置

将变桨控制柜的安装面朝上放置在安装工位上。

注意：在控制柜和托盘之间垫上泡沫板或其他软的物体，如图 3-2-59 所示。

图 3-2-59 变桨控制柜

图 3-2-60 连接框焊合

图 3-2-61　横梁焊合

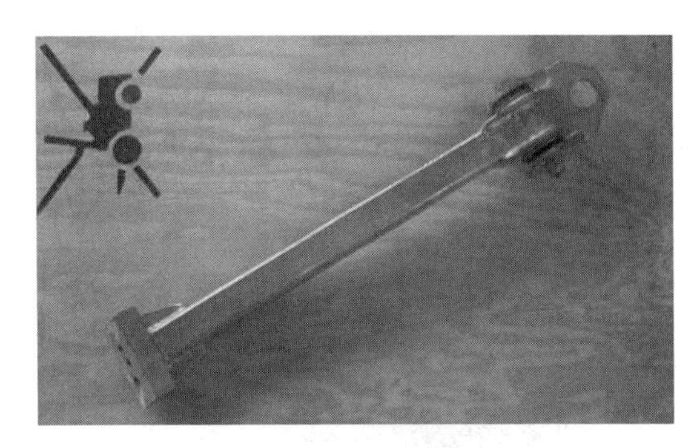

图 3-2-62　斜支撑焊合

3. 涂抹导电膏

在变桨柜与连接框接触的面上连续涂抹导电膏；在连接框架焊合与横梁焊合连接面上横梁焊合与轮毂接触的连接面上、斜支撑两端的安装面上均涂抹导电膏，如图 3-2-63 和图 3-2-64 所示。

4. 安装变桨控制柜支架总成

将连接框焊合固定到变桨控制柜上，如图 3-2-63 所示。将横梁焊合和框架连接在一起。

注意：横梁焊合的方向，连接板朝向控制柜连接器的方向，如图 3-2-64 所示。

图 3-2-63　安装连接框架焊合

图 3-2-64　固定横梁焊合

5. 安装变桨控制柜

将吊带对折后，吊带的两端挂在变桨控制柜上，再将吊带中间挂在行车吊钩上。将变桨控制柜平稳地提升至轮毂相应的安装位置，如图 3-2-65 所示；将横梁焊合的两端分别固定到变桨轴承的预留孔上，再将斜支撑的一端固定到变桨轴承上，将另一端固定到连接框焊合上（图 3-2-66），所有紧固螺栓的螺纹旋合面涂螺纹锁固胶。

图 3-2-65　变桨控制柜的吊装

图 3-2-66　斜支撑的固定

6. 固定

变桨控制柜安装完毕后，分三次打力矩紧固。打完力矩后，要检测力矩值，直至力矩值合格为止。

7. 安装电缆固定支架

将六个电缆固定支架的一端分别连接到三个连接框焊合上。另一端固定到三个变桨驱动支架总成上，如图 3-2-67 和图 3-2-68 所示。

图 3-2-67　电缆架的固定（一）

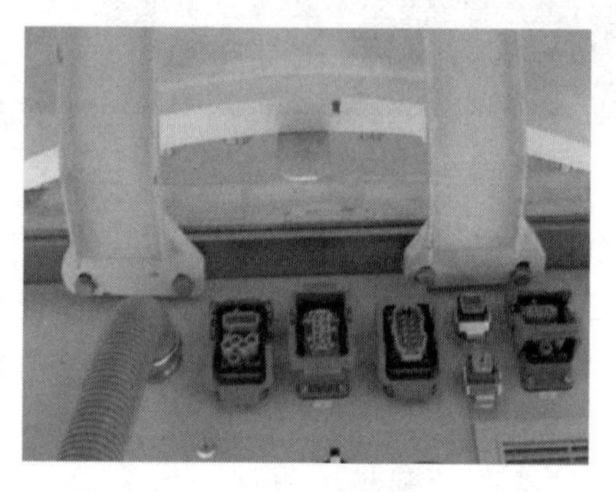

图 3-2-68　电缆架的固定（二）

8. 后处理

在打好力矩的螺栓六角头部及连接件接触面上做防松标记。在螺栓六角头部上裸露部分涂 MD-硬膜防锈油，要求清洁、均匀、无气泡。

9. 技术要求

变桨控制柜支架总成和变桨控制柜安装的技术要求如下：

（1）螺栓的紧固力矩值正确。

（2）变桨控柜支架胶垫间隙上部不大于 3mm。

（3）变桨控柜支架的座体不能与变桨轴承密封圈干涉。

（九）导流罩体分块总成的安装

1. 清理

用大布和清洗剂将六个罩体分块总成清理干净。

2. 安装舱门

将三片舱门固定在导流罩上，对固定螺栓进行紧固，螺栓的螺纹部分涂抹螺纹锁固胶，如图 3-2-69 和图 3-2-70 所示。

图 3-2-69　预埋焊接螺母

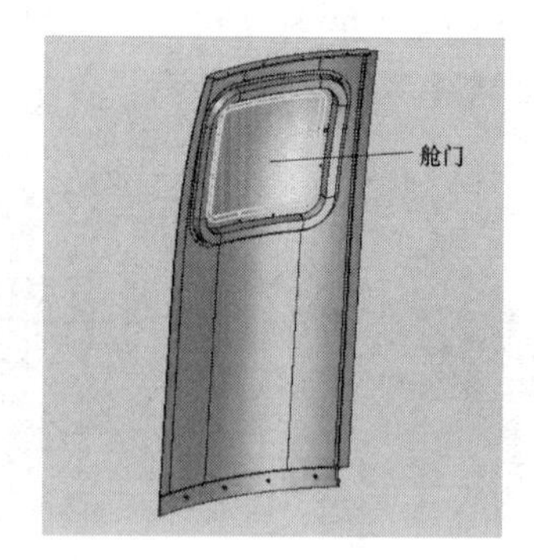

图 3-2-70　舱门

3. 导流罩舱门涂机械密封胶

检查导流罩舱门内侧，如果舱门内侧四周没有涂玻璃胶或机械密封胶，在舱门与导流罩连接缝的四周涂抹机械密封胶，如图 3-2-71 所示。在舱门外侧的接缝上涂机械密封胶，如图 3-2-72 所示。

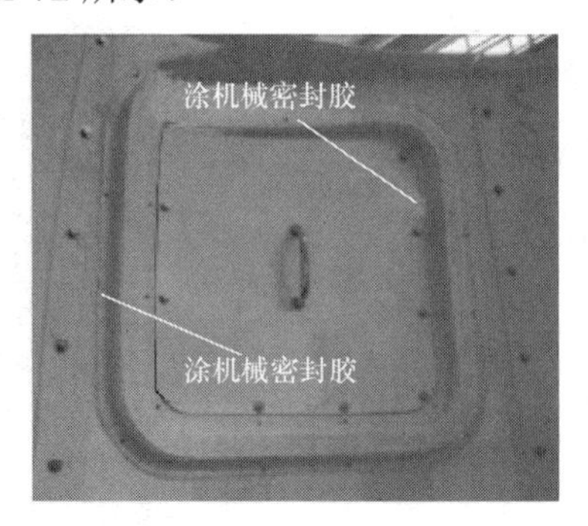

图 3-2-71　舱门内侧

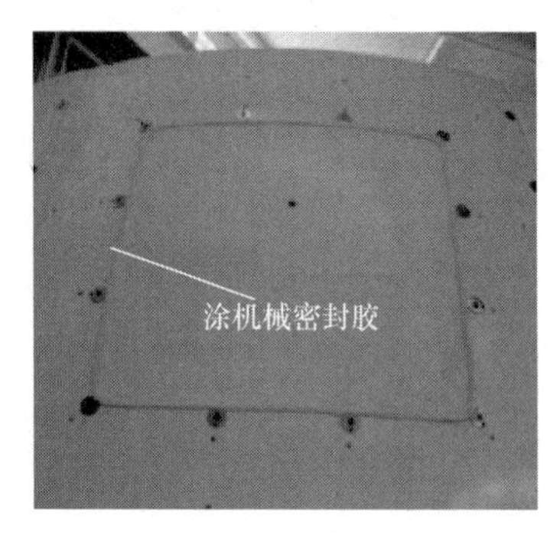

图 3-2-72　舱门外侧

4. 组对导流罩罩体

根据产品上粘贴的序号标记顺序组对导流罩罩体。首先，依次将导流罩罩体 1 和罩体 2、罩体 3 和罩体 4、罩体 5 和罩体 6 组装在一起，如图 3-2-73 所示，对连接螺栓进行紧固，螺纹部分涂抹螺纹锁固胶。将三个弧形连接件组对成圆弧，如图 3-2-74 所示。再将拼装后的罩体 1～罩体 6 依次组装成一个整体，用连接螺栓进行紧固，螺栓的螺纹部分涂抹螺纹锁固胶，如图 3-2-75 和图 3-2-76 所示。

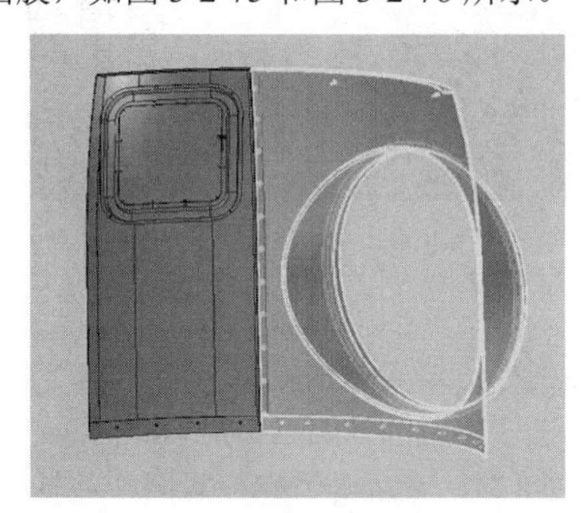

图 3-2-73　组对导流罩罩体（一）

图 3-2-74　弧形连接件组对

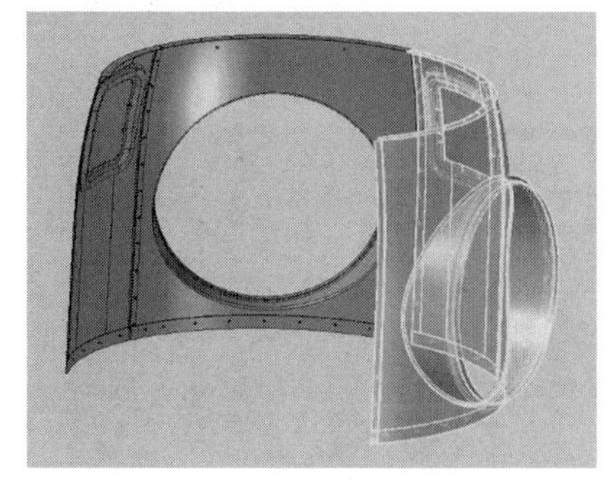

图 3-2-75　组对导流罩罩体（二）

图 3-2-76　组对完成的导流罩罩体

5. 安装弧形连接件

将弧形连接件固定在导流罩罩体上。注意：弧形连接件的安装方向如图 3-2-77～图 3-2-78 所示。

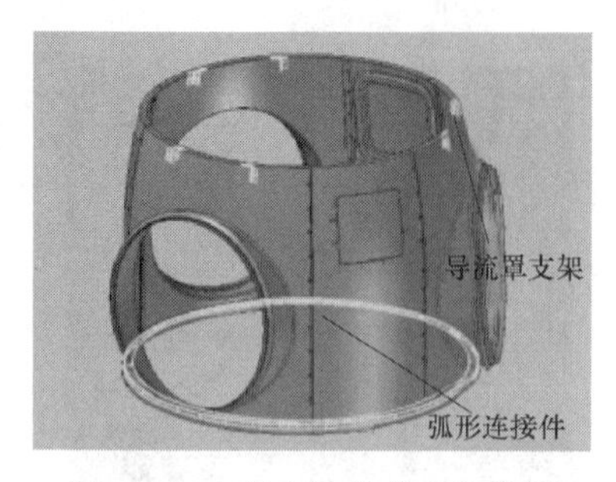

图 3-2-77　弧形连接件安装位置

图 3-2-78　弧形连接件的安装

6. 安装角形固定架

将相邻的导流罩罩体上的角形固定架连接起来（图 3-2-79 和图 3-2-80），紧固螺钉的螺纹部分涂抹螺纹锁固胶。

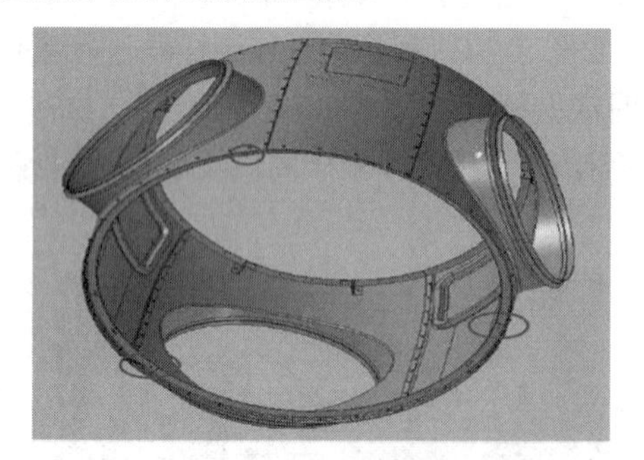

图 3-2-79 角形固定架的安装位置

图 3-2-80　角形固定架的安装

7. 安装导流罩连接支架

将三个左导流罩支架和三个右导流罩支架安装到导流罩罩体的上口（图 3-2-77），螺栓六角头在导流罩外侧，其中大垫圈紧靠螺栓头（图 3-2-81）。注意：导流罩连接支架安装前，支架与玻璃钢接触面用机械密封胶粘接（3-2-82）。然后再用螺栓紧固，并打紧固力矩。

图 3-2-81　导流罩连接支架安装位置

图 3-2-82　涂抹机械密封胶

8. 导流罩罩体与机组的装配

在变桨控制柜安装前，将导流罩罩体整体吊起套装在机组上，如图 3-2-83 和图 3-2-84 所示。

图 3-2-83　吊装导流罩罩体

图 3-2-84　套装导流罩罩体

9. 罩体接缝处涂机械密封胶

在组装好的各罩体接缝处的外侧，涂机械密封胶。

10. 毛刷环内外侧涂机械密封胶

在毛刷环与导流罩搭接处的内外两侧分别涂机械密封胶。

11. 技术要求

导流罩体分块总成安装的技术要求为：导流罩接缝的外侧和舱体接缝的外侧涂机械密封胶，胶线要求平整、光滑、均匀、无间断。

（十）导流罩前后支架的安装

1. 清理

用清洗剂和大布将三个导流罩前支架总成和三个导流罩后支架总成清理干净。

2. 安装导流罩后支架总成

将导流罩后支架总成的一端固定在轮毂上（图 3-2-85），螺栓使用力矩分三次紧固，螺栓的螺纹旋合面和螺栓头部与平垫圈接触面涂固体润滑膏。导流罩后支架总成的另一端固定在导流罩分块总成上（图 3-2-86），螺栓使用力矩分两次紧固，螺栓的螺纹旋合面和螺栓头部与平垫圈接触面涂固体润滑膏。调整导流罩三个叶片安装孔与三个变桨轴承水平方向的同轴度（图 3-2-87），同轴度误差不超过 15mm，同轴度的测量如图 3-2-88 所示。

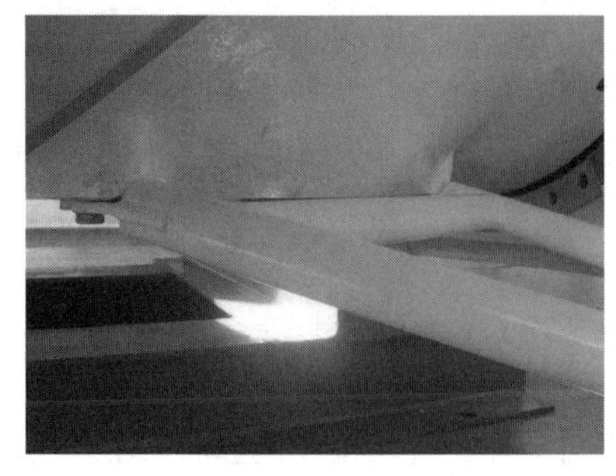

图 3-2-85　后支架与轮毂固定

图 3-2-86　后支架与导流罩固定

图 3-2-87　调整水平方向同轴度

图 3-2-88　导流罩同轴度的测量

3. 安装导流罩前支架总成

将导流罩前支架总成的一端固定在变桨驱动支架总成上（图 3-2-89），螺栓使用力矩分两次紧固，螺栓的螺纹旋合面和螺栓头部与平垫圈接触面涂固体润滑膏。将导流罩前支架总成的另一端固定在导流罩体分块总成中的六个支架焊合上（图 3-2-90），螺栓使用力矩分两次紧固，螺栓的螺纹旋合面和螺栓头部与平垫圈接触面涂固体润滑膏。注意：导流罩前支架总成不能与张紧轮干涉。调整导流罩三个叶片安装孔与三个变桨轴承垂直方向的同轴度，同轴度误差不超过 15mm，其测量如图 3-2-91 所示。

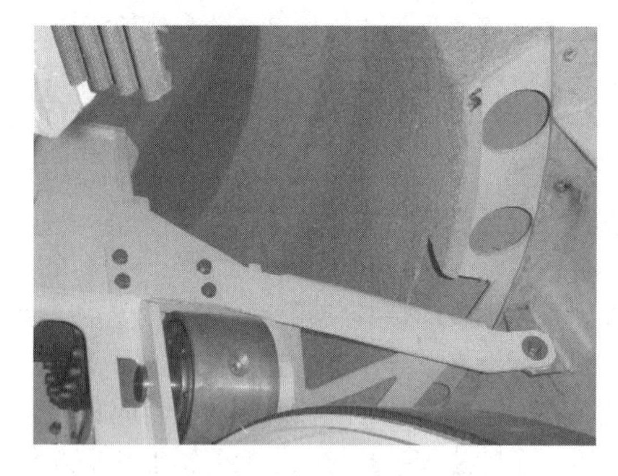

图 3-2-89　前支架与变桨驱动总成固定

图 3-2-90　前支架与导流罩体固定

4. 调整

调整导流罩前后支架总成的位置，使罩体下端距离轮毂下法兰安装平面距离为 320～326mm，并且使导流罩三个叶片安装孔与三个变桨轴承同轴度误差不超过 15mm，如图 3-2-92 所示。

5. 固定

紧固导流罩前、后支架总成与导流罩连接的各螺栓。

6. 后处理

所有紧固螺栓的力矩检查完毕后，在螺栓的六角头部及其连接件接触面上用红色漆油笔做防松标记，螺栓的六角头部裸露部分涂 MD-硬膜防锈油，要求清洁。

图 3-2-91　调整垂直方向同轴度

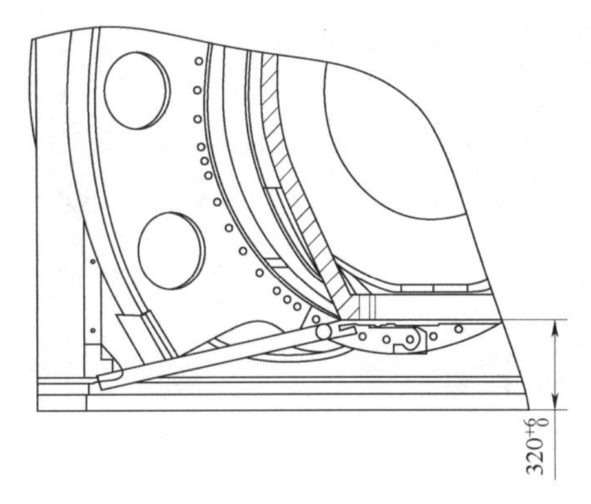

图 3-2-92　调整导流罩尺寸

7. 技术要求

导流罩前后支架安装的技术要求如下：

（1）螺栓紧固力矩值正确。

（2）导流罩前支架不能与张紧轮干涉。

（3）导流罩罩体下端距离轮毂下法兰安装平面在限定范围值之内，叶片安装孔与变桨轴承同轴度误差不超过固定值。

（十一）导流罩前端盖的安装

1. 清理

将导流罩前端盖的左右片体上所有塑料防护薄膜撕掉，用大布和清洗剂将其清理干净，如图 3-2-93 所示。

2. 组装导流罩前端盖

将导流罩前端盖的左、右片体固定到一起，螺栓进行力矩紧固，螺栓的螺纹部分涂螺纹锁固胶。注意：左、右片体的外侧接缝处要涂机械密封胶，且填充均匀，如图 3-2-94 所示。

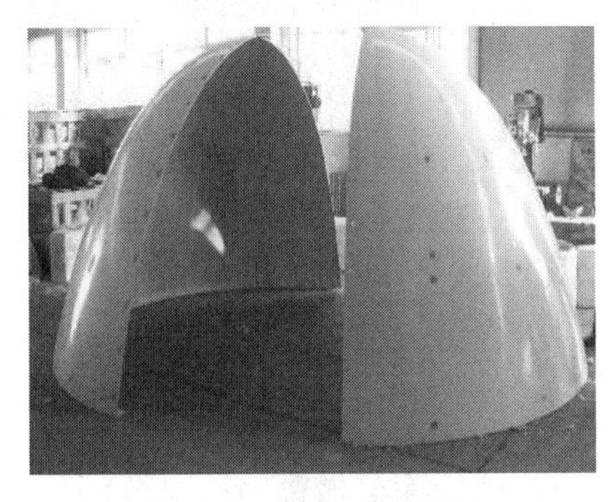

图 3-2-93　清理导流罩

图 3-2-94　组装导流罩前端盖

3. 安装踏步

将踏步安装到导流罩前端的片体上，螺栓进行力矩紧固，螺栓的螺纹部分涂螺纹锁固胶。注意：踏步的周边接缝处涂机械密封胶，涂抹均匀，如图 3-2-95、图 3-2-96 所示。

图 3-2-95　导流罩前端盖踏步

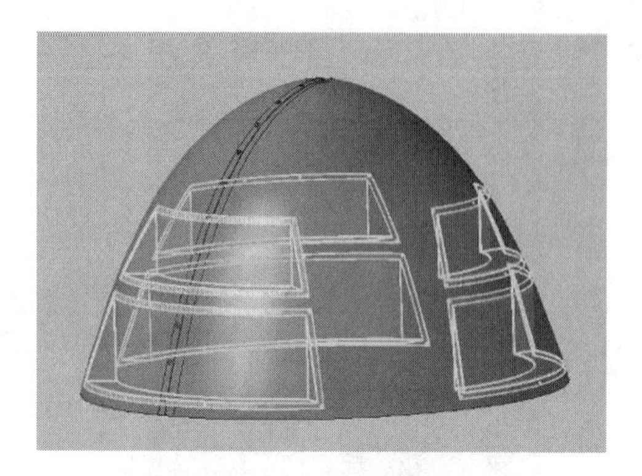

图 3-2-96　踏步接缝处涂密封胶

4. 安装吊环螺钉

在导流罩前端盖的顶部安装吊环螺钉、垫板和自锁螺母。吊环螺钉内部和外部涂机械密封胶。

5. 试装导流罩前端盖

用一根吊带将组对好的导流罩前端吊到导流罩罩体上，对正螺栓孔，将导流罩前端固定到导流罩罩体上（图 3-2-97），在导流罩前端盖和罩体上喷涂箭头（图 3-2-98），方便风电场组对前端盖。

图 3-2-97　试装导流罩前端盖

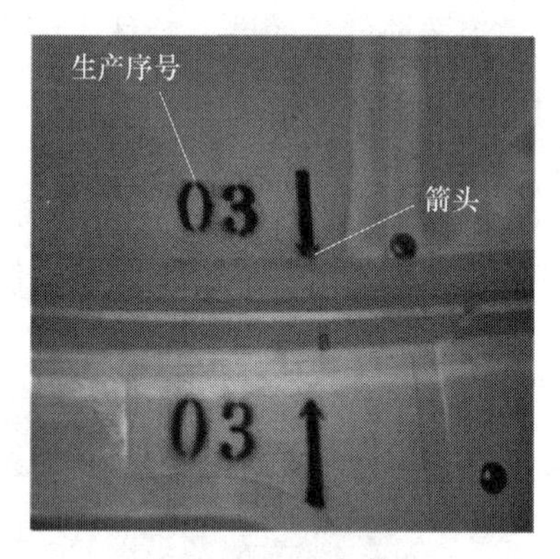

图 3-2-98　喷涂箭头

6. 涂机械密封胶

在导流罩前端盖的左右片体的接缝处，涂机械密封胶。

7. 技术要求

导流罩前端盖安装的技术要求为：导流罩外侧的接缝处涂机械密封胶，胶线平整、光滑、均匀、无间断。

（十二）叶轮总成运输前的准备工作

1. 包装风电场使用的零部件

将固定导流罩前端盖的标准件拆下包装好。

2. 出厂检查

用清洗剂和大布将叶轮总成各零部件清理干净，修补各零部件磕碰的表面防腐层，将轮毂与转动轴连接的螺纹孔用塑料堵头堵好。

3. 零部件的防护和标识

按照企业的叶轮包装运输技术要求，对叶轮部分的电器元件进行防护。制作相关零部件清单。防护罩、导流罩前端盖和变桨控制柜做标识。

4. 吊装

用轮毂吊具将叶轮部分吊装到运输车辆上，按照企业的叶轮包装运输技术要求，对叶轮部分进行固定和防护。

习 题 与 思 考 题

1. 简述叶轮装配工艺的相关规定。
2. 简述变桨盘总成的安装步骤和技术要求。
3. 简述变桨轴承的安装步骤和技术要求。
4. 简述变桨减速器安装步骤和技术要求。
5. 简述变桨驱动总成的安装步骤和技术要求。
6. 简述齿形带的调整方法。
7. 简述变桨控制柜的安装步骤和技术要求。
8. 简述叶轮装配的工艺流程（使用工艺流程图说明）。

学习情境四　风力发电机组的吊装

任务一　塔 筒 的 吊 装

【能力目标】

1．掌握塔筒的吊装方法和步骤。

2．能正确使用塔筒吊装工器具。

【知识目标】

熟悉塔筒的吊装方案。

一、塔筒的卸货与储存

1．放置支架

（1）放置塔筒的地面必须平坦坚固，不能凹陷或使塔筒滚动。

（2）塔筒卸车前，应先在地面做好以下准备工作：

1）如果运输时未使用 U 形运输工装运输塔筒，则在放置之前应该使用大型支座支撑塔筒，并允许支座自由放置于地面上，支座要尽可能地靠近法兰。可以使用类似铁路轨枕之类的物品作为支座，在塔筒和支座之间应使用垫料，如最小厚度为 10mm 带有塑料膜或衬垫的地毯，以防止损坏涂敷层。

2）如果运输时使用 U 形运输工装运送塔筒，运输法兰支架上配备了大型支座，放置时可以直接将塔筒与运输工装一起吊下放置于地面上。因此，对于此种情况，卸货前可以不予考虑支座的放置。

2．塔筒吊车的选用

塔筒的卸车方式有以下两种：

方案 1：在每一段塔筒两法兰面 12 点位置安装吊具，使用两台吊车进行吊装卸车。

方案 2：利用两根扁吊带固定在塔筒重心两侧，用一台吊车进行卸车。

若选方案 1 的方式卸车，则选 400t 的主吊车和 100t 的副吊车；若选方案 2 的方式卸车，则选 100t 的副吊车。

从塔筒的重量、安全及安装方便的角度考虑，推荐采用方案 2 的方式卸货车，选用 100t 的副吊。

3．塔筒卸车吊具的安装

在塔筒重心两侧对称安装两根 40t×20mm×300mm 的扁带。

4. 塔筒卸车

塔筒卸车的具体步骤如下：

（1）依据塔筒现场运输是否有U形运输工装的情况决定是否需要放置支架，即先做好放置塔筒场地的布置。

（2）移去塔筒法兰上的运输用绳索和紧固件，移走的运输设备应该集中存放以返还给厂商。

（3）按在塔筒重心两侧对称安装两根40t×20m×300mm扁带的方法安装好吊具。

（4）将塔筒吊离货车，开走运输车辆，将塔筒卸至地面。

（5）移走起重机待命。

5. 塔筒的储存

将塔筒与U形运输工装一起卸至地面放稳，或用枕木支撑（图4-1-1），塔筒上面的包装应该完整保留，以免在露天存放时雨水、灰尘侵入塔筒内弄脏塔筒内表面或侵蚀内表面。

图4-1-1 枕木支撑塔筒

注意：若塔筒存储时间超过1个月，应定期检查塔筒表面包装的完好性及内表面是否有雨雪侵蚀情况，对于包装损坏的地方应及时修护。

二、塔筒安装

（一）塔筒介绍

塔筒分为第一节塔筒、第二节塔筒、第三节塔筒、基础环，每节塔筒都有塔筒平台、照明系统和塔筒梯子，这些已由供应商安装好，现场必须检查安装是否正确、牢靠。

塔筒吊装前要关注气象条件是否满足吊装要求。

注意：①当平均风速超过10m/s时，切勿安装塔筒，应咨询当地气象预报部门；②第三节塔筒和机舱不能在同一天吊装完成时，应将第三节塔筒的吊装推迟到机舱吊装的前一刻进行；如第三节塔筒已经吊装，由于风速过大不能起吊机舱时应把第三节塔筒吊下。

（二）塔筒安装步骤

1. 吊装塔筒前的检查

注意：塔筒吊装前的基础法兰上平面水平度检查无故障组装非常重要。

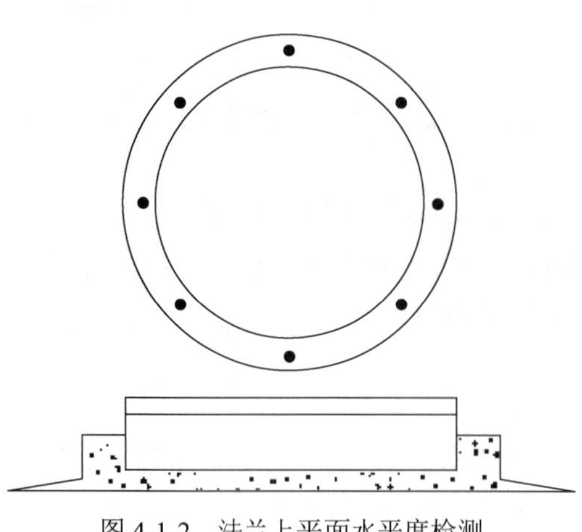
图 4-1-2　法兰上平面水平度检测

（1）确保基础法兰上平面水平度在 3mm 之间，为一平面，没有严重的损伤和变形。使用水平仪在法兰表面四周八个均匀分布的点测量水平度（图 4-1-2），校验基础环的水平度误差，并做好记录。

（2）塔筒的圆度检测：确保塔筒的圆度在 2. 5mm 以内，不满足要求时，禁止用千斤顶校正，应退还厂商。

（3）塔筒动力电缆或母线排已经预装完成。

（4）塔筒照明系统已经安装到位。

（5）检查机舱梯子、塔筒平台、照明灯、电缆夹等安装是否松动，如果有松动则应安装牢固。检查机舱连接螺栓表面和塔筒壁表面防腐是否损伤，如果有损伤则按照防腐要求补上。

（6）塔筒在将要吊装之前 2 天内用拖把、抹布、煤油清理塔筒内外表面的灰尘油污。吊装时，如塔筒仍有灰尘油污等，清理干净后再吊装。

（7）清理塔筒各个螺纹孔、基础环的上法兰面。

2. 基础平台支架的安装

基础平台支架的安装如图 4-1-3 所示。

（1）起吊基础平台支架，将其吊入基础环内，保证其与基础环同心，测量距离调整进行固定。

（2）将支架安装到基础平台上，用螺栓、锁紧螺母、垫圈连接紧固。如有预埋钢板则焊接固定。

注意：基础平台的安装方向与塔筒门的对应位置关系。

3. 变频器、塔基柜、塔基变压器的安装

变频器、塔基柜、塔基变压器的安装如图 4-1-4 所示。

（1）起吊变频器，缓慢下降将其放到基础平台安装位置，对好安装孔位。

图 4-1-3　基础平台支架的安装

图 4-1-4　变频器、塔基柜、塔基变压器的安装

（2）起吊塔基柜，缓慢下降将其放到基础平台安装位置，对好安装孔位，用螺栓、螺母、紧固垫圈将其安装牢固。

（3）起吊塔基变压器，缓慢下降将其放到基础平台安装位置，对好安装孔位，用螺栓、螺母、垫圈将其安装牢固。

4. 扭缆安全装置、滑轮与解缆开关安装塔筒吊装前扭缆安全装置的安装

（1）塔筒吊装前扭缆安全装置的安装（图 4-1-5）。

1）将解缆开关安装到扭缆开关安装支架上，用螺钉、弹簧垫圈连接固定。

2）将滑轮装配安装到扭缆开关安装支架上，用螺母、弹簧垫圈、平垫圈连接紧固。

3）将扭缆开关安装支架安装到第三塔筒下平台上（图 4-1-6），用螺栓、平垫圈、弹簧垫圈、螺母配钻连接固定。

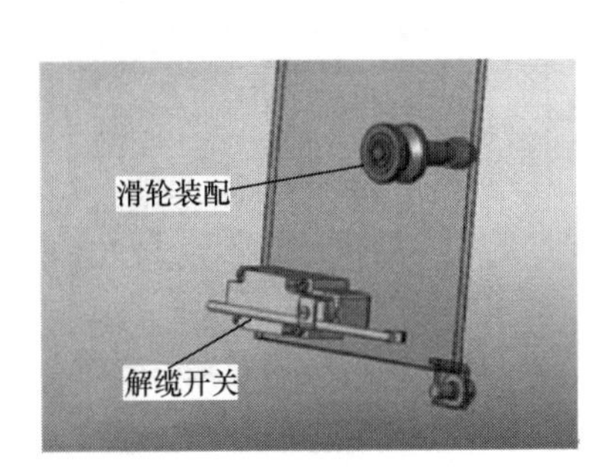

图 4-1-5　扭缆安全装置的安装

图 4-1-6　支架的安装

注意：扭揽开关安装支架安装位置要在电缆管固定架的正上方，保证后面 PVC 管能垂直固定到电缆管固定架上。

（2）机舱吊装完成、塔筒扭缆安装完成后扭缆安全装置的安装（图 4-1-7）。

1）安装 PVC 管（图 4-1-8）：PVC 管的一头用内六角平圆头螺钉、螺母、平垫圈、锁紧螺母连接固定到扭缆开关安装支架上；另一头用六角螺栓、锁紧螺母固定封口，防止重锤坠落。

图 4-1-7　扭缆安全装置的安装

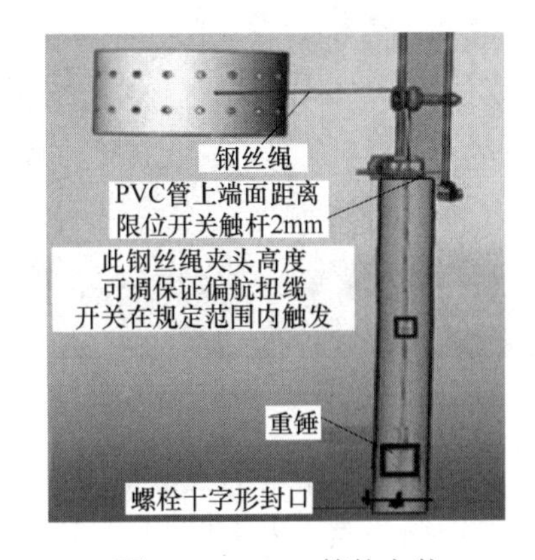

图 4-1-8　PVC 管的安装

2）调试对零后，将钢丝绳用螺母固定到扭缆环上，滑轮下部到钢丝绳夹的钢丝绳长度为钢丝绳环形缠绕扭缆环处三圈的长度。

3）将钢丝绳夹头与钢丝绳一头连成一体，再把重锤套入钢丝绳夹头下端，固定牢靠，将重锤和钢丝绳夹头放入到 PVC 管内，保证钢丝绳穿过扭缆开关、经过滑轮定位槽，最后将钢丝绳的另一头连接到扭缆环上。

5. 第一节塔筒吊装

（1）紧固件的摆放及密封胶的涂抹。

1）将第一节塔筒与基础环连接用的螺栓、螺母、垫片放进基础环里，将螺母和垫圈排开，按照螺栓紧固作业要求要求，用 MoS2 润滑紧固件。

2)在基础环的上法兰面上离外边 10mm 处均匀地涂上一圈硅酮耐候密封胶(图 4-1-9)，要求宽约 8mm、高约 5mm。

（2）塔筒吊具的安装及紧固件的预放（图 4-1-10)。

图 4-1-9　法兰面涂密封胶

图 4-1-10　塔筒吊具的安装

1）在第一节塔筒下法兰面 12 点钟位置安装塔筒吊板，在第一节塔筒上法兰面 3 点钟和 9 点钟位置安装塔筒吊座。

2）将第一节塔筒与第二节塔筒的连接螺栓放到第一节塔筒上平台，固定好防止掉落。

（3）起吊（图 4-1-11)。

图 4-1-11　第一节塔筒起吊

塔架吊装视频

1）起吊前将本节塔筒上法兰的连接用螺栓成套地放置在塔筒上平台上，同时起吊。

2）在塔筒吊具上安装卸扣和吊带或钢丝绳，将吊板与主吊机连接，吊座与副吊机连接，主、副吊机同时起吊，待塔筒离开地面大约 1m 后，清理塔筒下方的灰尘杂质，并对磨损表面处进行补漆。

3）主吊车继续提升，副吊车调整塔筒底端和地面的距离。

4）注意起吊过程中塔筒的下法兰不允许接触地面（图 4-1-12)。

5）待塔筒起吊处于垂直位置后，拆除塔筒底部吊具，在塔筒下法兰安装两根风绳（图 4-1-13)，用来引导塔筒的下落方向。

图 4-1-12　塔筒下法兰不接触地面

图 4-1-13　安装两根风绳

6）起吊塔筒至塔基控制柜上方（高出 300mm 左右），对好位置，用风绳引导塔筒下降，下降到距基础环上法兰一定位置后，清理法兰面的杂质，对好塔筒门的位置，最后拆下风绳。

注意：塔筒下降时不要与塔基上的柜体碰撞，注意塔筒门与塔基柜的对应关系。

7）对齐塔筒与基础环连接的两法兰处的接地螺栓柱，调整对好孔位后，用事先摆放好的螺栓、平垫及螺母从下往上套入，连接两个法兰，手动将螺母旋入到螺栓上。

注意：垫圈的倒角必须一直朝向螺栓头部或螺母。

8）塔筒缓慢落下直到基础环与塔筒的法兰面接触时停止，手动拧上所有螺栓之后，将起重吊机的负载调到 5t 左右。

9）用电动冲击扳手连接紧固所有螺栓，紧固之后拆除起重吊机和吊具。

10）使用液压扳手以技术要求的一半力矩值紧固所有螺栓（要求十字交叉紧固）（图 4-1-14），然后检查塔筒法兰内侧之间的间隙，如果四个螺栓间的法兰间隙超过 0. 5mm，则要使用填隙片（不锈钢片）填充。

注意：塔筒法兰外侧绝不允许有间隙。

11）最终使用液压扳手以技术要求规定的力矩紧固所有螺栓（要求十字交叉紧固）。

（4）对孔连接预紧螺栓（图 4-1-15）。

图 4-1-14　液压扳手打力矩

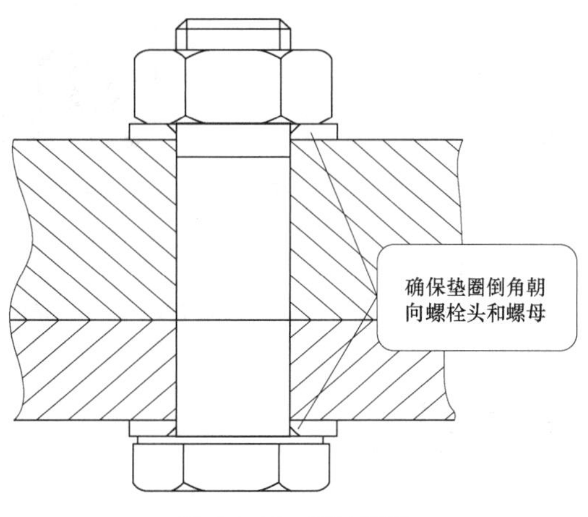

图 4-1-15　螺栓连接

（5）安装塔筒外部爬梯（图 4-1-16）。

将塔筒外部平台与塔筒连接，用螺栓、螺母、垫圈连接紧固，并将外部平台下部垫好、垫稳，保证外部平台牢固可靠。

（6）安装基础平台（图 4-1-17）。

1）将支架安装到基础平台上，用螺栓、锁紧螺母、垫圈连接紧固。

2）将花纹钢板安装到基础平台和支架上，用螺栓、螺母、垫圈连接紧固。

图 4-1-16　安装爬梯

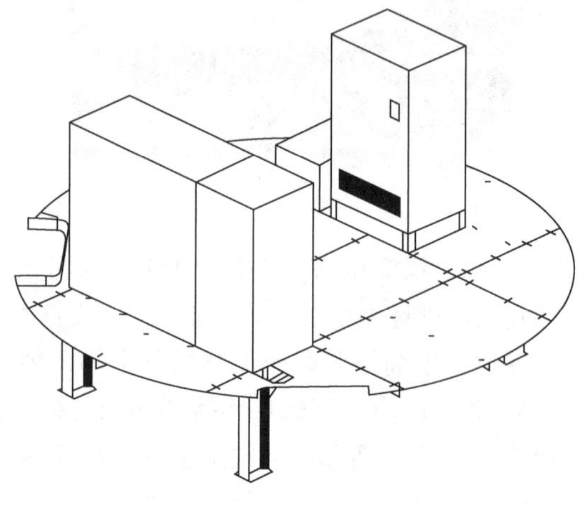

图 4-1-17　安装基础平台

6. 第二节、第三节塔筒吊装

第二节、第三节塔筒的吊装方法同第一节塔筒。

注意：①塔筒在对接的时候要保证塔筒梯子对接整齐；②塔筒的连接螺栓按要求的力矩值紧固。

塔架工艺流程视频

任务二　机舱的吊装

【能力目标】

1. 掌握机舱的吊装方法和步骤。
2. 能正确使用机舱吊装工器具。

【知识目标】

熟悉机舱的吊装方案。

一、机舱概述

机舱主要包括传动系统、偏航系统以及一些支撑连接部件和辅助设备，主要组成辅件有机舱平台、机舱吊机、机舱柜、机舱加热器、振动传感器、轴流风机、风冷系统等。

二、机舱的卸货与储存

1. 放置场地的准备

因为机舱在运输时是与机舱运输工装一起，因此在选择场地时只需按布置场地示意图，选一处平坦、坚固且面积足够的地面，机舱应在起重机的起重半径之内，放置机舱的地方应该留有运输货车开走的空间。可以省去支座的放置这一步骤。

2. 机舱卸车

吊具安装完毕，人员离开机舱，保留机舱下面的运输工装。缓慢起升吊机，站在地面的人拉住两根引导绳，将主机拉至目的地再缓慢地放下。将引导绳、吊带和卸扣等起重设备移除，将起重机与主机分开。起重机返回待命。主机的吊装盖板关闭。

3. 机舱的储存

准确定位机舱，由于其重量较大，因此放置主机的地面部分必须坚固，同时在机舱罩运输架下边垫承重型枕木类（如钢板、T 形梁或铁路轨枕），分散集中压力，减小地面单位负荷，同时可以使机舱罩运输架下部腾空，以避免暴雨天气运输架框内积水，造成地面局部沉陷集水而损坏机舱，从而使机舱安全地放置于地面上。现行的包装方案为整体包裹，所以风机机舱卸车到放置点后，工程服务人员必须用运输保护罩将机舱整体包住，并再次检查包装机舱上的防护帆布是否牢固，如果松弛，必须再次紧固，防止外包装被风吹起（图 4-2-1），以免露天存放时碰坏外表面，并避免太阳直接照晒、雨淋，防止雨水、沙尘进入机舱内，尤其要保护好锁紧盘端面，防止雨水进入主轴空心轴以及偏航系统部分有沙子吹入。

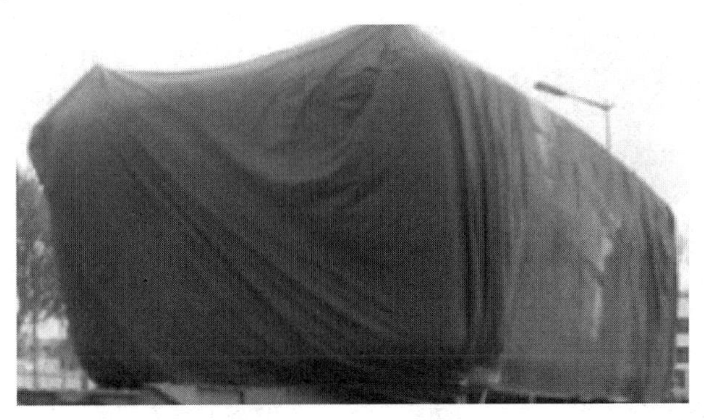

图 4-2-1　机舱外包装

三、机舱的安装步骤

1. 吊装前的清理

（1）拆除机舱罩运输保护罩（图4-2-2），拆除后统一回收利用。

（2）检查机舱罩表面是否有污迹，如有则可以使用抹布和煤油将污垢和污迹等清除掉。

（3）检查机舱罩外表面是否破碎，有则进行修复。

2. 前吊装盖板的预安装

（1）将机舱罩上部圆弧盖板安装到机舱罩上（图4-2-3），对好安装孔位，用螺栓、锁紧螺母、大垫圈连接，用扳手将其紧固。

（2）将齿轮箱空冷盖板通过合页翻转（图4-2-3），轻搭在圆弧盖板上。

3. 常规测风桅杆及其测风仪的安装

（1）风速风向仪的安装（图4-2-4）、穿线（图4-2-5）。

1）按次序将风速风向仪的安装附件依次套入测风桅杆安装架上的安装孔，同时穿入风速风向仪电缆。

图4-2-2　拆除运输保护罩

图4-2-3　圆弧盖板、齿轮箱空冷盖板的安装

2）风速风向仪安装固定时，在安装结合面上涂抹适量密封胶，在紧固螺栓（蝶形螺栓）的螺纹上涂抹螺纹紧固胶，最后拧紧螺栓。

3）风速风向仪固定完成后，将电缆线穿测风桅杆主体方钢上端同侧的电缆防水接头，并沿方钢中孔穿出测风桅杆底部安装法兰。

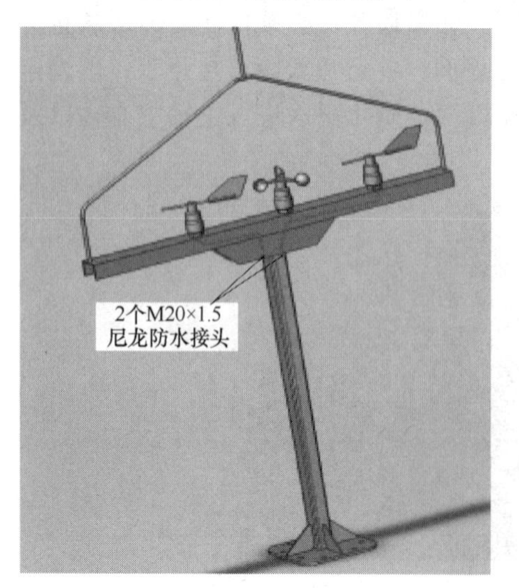

图4-2-4　风向仪的安装

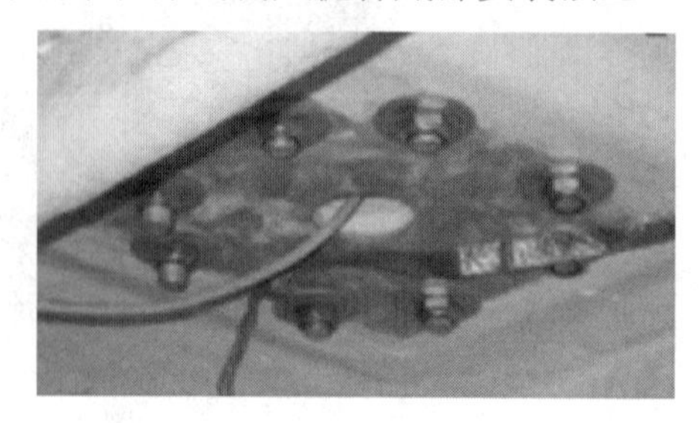

图4-2-5　穿线

4）电缆理完后，锁紧电缆防水接头。

（2）测风桅杆的安装。

1）将已经安装好风速风向仪的测风桅杆运到机舱尾部的安装位置。将测风桅杆防雷接地线从安装位置下方的机舱内解开绑扎，沿安装处的中孔穿出，解下绑扎在这根电缆尾部的 50-16 线耳。

2）将防雷接地线穿入测风桅杆底部安装法兰（方钢）中孔，并从侧孔穿出。

3）理顺风速风向仪电缆，沿机舱测风桅杆安装法兰中孔穿入机舱内部。将测风桅杆底部安装法兰对孔到机舱的安装孔上，注意不要擦伤电缆。

4）将防雷接地线整理好，电缆过长可以适当裁剪，将刚才解下的 50-16 线耳压接到电缆端头。

5）用八组螺栓 M16×65、两个垫圈、锁紧螺母 M16 连结测风桅杆底部安装板与机舱罩上部并用扳手紧固。注意要将机舱内的两个机舱屏蔽网的线耳和防雷接地线的线耳套入最近的螺栓，一同固定。

6）最后将测风桅杆上的接地线开孔及机舱内外的测风桅杆连接螺栓头用耐候密封胶密封处理。

4. 超声波测风桅杆及其测风仪的安装

（1）将超声波风速风向仪在方钢管的上端用一个内六角螺栓和平垫圈固定好（图 4-2-6）。将其自带的冷缩管安装到超声波风速风向仪的电缆接头与电缆的结合处。

（2）将超声波风速风向仪的电缆线穿过测风桅杆主体方钢上端的电缆防水接头（图 4-2-7），并沿方钢中孔穿出测风桅杆底部安装法兰。锁紧电缆防水接头。

图 4-2-6　超声波风速风向仪的安装

图 4-2-7　穿线

其余步骤同“测风桅杆的安装”。

5. 航空灯的安装

航空灯的安装如图 4-2-8 所示。

（1）航空灯电缆在车间已在机舱柜侧安装好，且已布线到航空灯安装位置的下方。

（2）现场安装时，将航空灯的信号线和电源线从机舱内部通过安装处的开孔位置向外引出，电缆过长可以适当裁剪，制作好电缆端头，接入航空灯。

（3）用螺栓、平垫圈、锁紧螺母连接，用扳手将其紧固。将机舱内外的航空灯连接螺栓头用耐候密封胶密封处理。

（4）安装完成后，余量电缆在航空灯下方机舱内用扎带固定。

6. 机舱的吊装

（1）吊装机舱前的准备。

1）清理机舱内的灰尘杂质。

图 4-2-8 航空灯的安装

机舱的组合及吊装视频

2）将机舱梯子、底部吊装孔盖板、底部运输孔盖板、塔筒防雷装置、主机与叶轮系统的连接螺栓以及安装工具放到机舱内安全位置，固定好随主机一起吊装。

3）安装机舱与塔筒的工具和螺栓必须全部准备好并放置于第三节塔筒顶部平台上待用。

（2）机舱的起吊（图 4-2-9、图 4-2-10）。

图 4-2-9 机舱起吊（一）

图 4-2-10 机舱起吊（二）

1）在机舱前后各安装一根引导绳，在机座四个吊座上安装吊具，连接吊带将其挂到主吊机吊钩上。

2）两到三名工作人员在第三塔筒上平台，清洁上法兰面，清除锈迹毛刺，并在法兰上外侧涂抹耐候密封胶。

3）拆卸机舱与运输工装连接螺栓，试吊一下机舱，确保吊具吊带安全。

4）起吊机舱至 1.5m 高左右，清理机舱底部法兰的杂质锈迹。

5）清理完成后，徐徐提升机舱。

（3）机舱与第三节塔筒的连接。

1）将机舱提升超过上塔筒的上法兰后（图 4-2-11），按照塔上安装人员的指挥缓慢移动吊机，待机舱在塔筒的正上方时，缓慢下降机舱至离塔筒上法兰的距离1cm左右时，吊机停止，通过引导绳和机舱内安装人员，保证机舱纵轴线偏离主风向90°的位置，以便于叶轮的安装。

2）用导向棒对准安装螺孔（图4-2-12），用螺栓、垫圈将塔筒与机舱连接，用手拧上。

图4-2-11　机舱与第三节塔筒的联结

图4-2-12　导向棒对准安装螺纹孔

3）将机舱完全落下，但吊机还要负荷1/2机舱的重量，将所有螺栓按照螺栓紧固作业要求，使用电动和液压扳手拧紧。

4）安装人员进入机舱拆卸引导绳。

注意：拆卸引导绳时，保证塔筒附近无人站立，确保安全。

7. 机舱梯子的安装

机舱梯子的安装如图4-2-13所示。

将机舱梯子上部安装到机座上，用螺栓、平垫圈连接，用扳手将其紧固。

8. 塔筒防雷装置的安装

塔筒防雷装置的安装如图4-2-14所示。

图4-2-13　机舱梯子

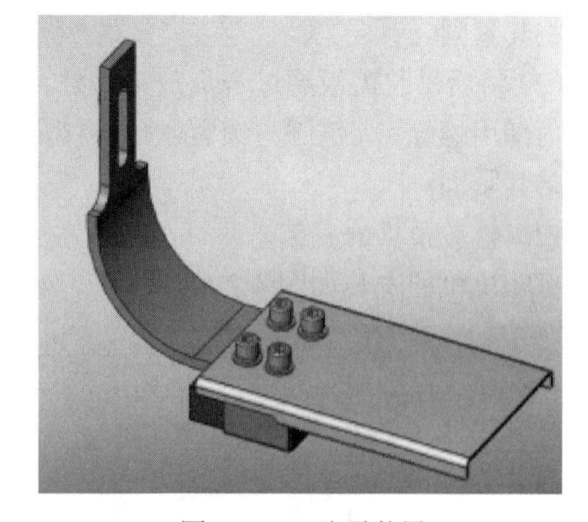

图4-2-14　防雷装置

（1）将炭刷、塔筒防雷支架、塔筒防雷引弧板、炭刷安装块安装成一体，用内六角螺栓、平垫圈、弹簧垫圈连接，用内六角扳手将其紧固，共两套。

（2）将塔筒防雷装置安装到制动器支座上（保证炭刷与偏航制动盘接触良好），用内六角螺栓、平垫圈、弹簧垫圈连接，用内六角扳手将其紧固，共两套。

（3）清理安装面的油污和锈迹，涂抹导电膏，将炭刷上的防雷线连接到制动器支座上，用内六角螺钉螺栓、弹簧垫圈、平垫圈连接，用扳手将其紧固，共两套。

9. 偏航轴承齿面涂抹润滑脂

偏航轴承齿面涂抹润滑脂如图 4-2-15 所示。

（1）先将偏航轴承齿面和偏航齿轮箱齿面上的杂质灰尘清理干净。

（2）用毛刷在偏航轴承齿面均匀涂抹润滑脂。

10. 底部运输孔盖板的安装

底部运输孔盖板的安装如图 4-2-16 所示。

将底部运输孔盖板安装到机舱罩上，用螺栓、大垫圈、锁紧螺母连接，用扳手将其紧固。在结合处的法兰面涂抹耐候密封胶。

图 4-2-15　偏航轴承齿面润滑脂

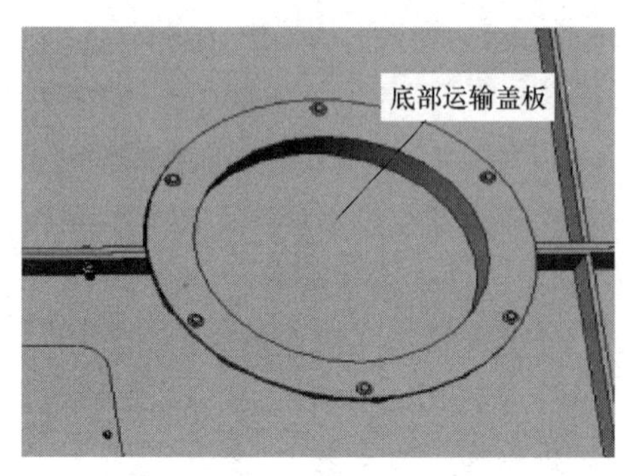

图 4-2-16　运输孔盖板的安装

11. 顶部吊装孔盖板的安装

顶部吊装孔盖板的安装如图 4-2-17 所示。

（1）将空冷盖板通过合页放下盖好，从机舱内部用螺栓、大垫圈、锁紧螺母连接，用扳手将其紧固。

（2）将后吊装盖板通过合页放下盖好，从机舱内部用螺栓、大垫圈与锁紧螺母连接，用扳手将其紧固。

12. 机舱吊机的安装

机舱吊机的安装如图 4-2-18 所示。

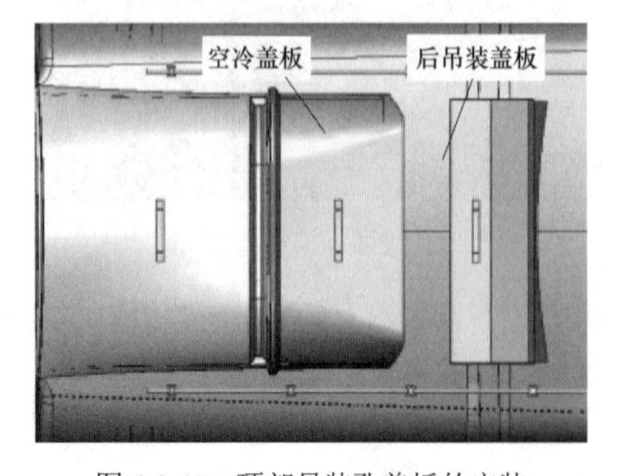

图 4-2-17　顶部吊装孔盖板的安装

图 4-2-18　机舱吊机的安装

（1）把机舱吊机安装到机舱罩上部悬挂吊臂上。

（2）把链条整理好，装进机舱吊机链条箱。

注意：机舱安装完毕，准备吊装叶轮系统，如果因下雨、下雪等原因无法马上吊装，请将机舱与叶轮系统对接的法兰面用防护套保护起来。

任务三　叶 轮 的 吊 装

【能力目标】

1. 掌握叶轮的吊装方法和步骤。
2. 能正确使用叶轮吊装工器具。

【知识目标】

熟悉叶轮的吊装方案。

一、叶轮概述

叶轮主要包括叶片、轮毂、变桨系统以及一些支撑连接部件和辅助设备。主要组成辅件有制动系统、电控系统、变桨控制柜、制动系统、锁紧装置、防雷保护装置等。

二、轮毂、叶片的卸货与储存

（一）轮毂的卸货与储存

1. 放置场地的准备

放置轮毂的准确定位参阅现场布置示意图，由于其重量较大，所以地面承重能力必须较好，坚固、均匀。轮毂应放置在起重机的起重半径之内，放置空间应足够并且留有运输货车开走的空间。

2. 轮毂卸车吊具的安装

在安装吊具前，先将轮毂上的包装拆除，以便吊带能够伸入。选用三根扁平吊带，分别从轮毂与叶片连接面的孔穿入，如图 4-3-1 所示。

3. 轮毂的卸车

吊具安装完毕，缓慢启动吊机，控制引导绳，将轮毂吊至目标区域，缓慢降下，移走起重设备，起重设备集中存放，移走吊机待命。

4. 轮毂的储存

支架设置必须综合考虑叶片连接所需空间，由于轮毂发运时配带有运输架（图 4-3-2），下平面单位面积负载较大，因此地面除坚固外，运输架下面还需垫枕木，枕木放置相对平稳，受力均匀，避免造成倾覆而损坏轮毂。

存储期间，轮毂上外包装保证无破损，工程服务人员必须定期检查轮毂上的防护帆布是否牢固，如果松弛，必须再次紧固，防止外包装被风吹起，避免造成太阳直晒和雨淋对轮毂内零部件带来不必要的损伤。

图 4-3-1　轮毂卸车

图 4-3-2　轮毂带运输架现场放置示意图

注意：为了避免存储不当或存储时间太长造成变桨系统备用电池损坏，进而影响整机的现场调试及后期运行，要求对非应用期间的变桨系统备用电池进行单独存储并定期充电。

（二）叶片的卸货与储存

1. 放置场地的准备

叶片的放置可能受到很多因素的影响。应尽可能将叶片放置在轮毂的四周并在起重机的起重半径之内，放置叶片的地面必须坚固、平坦、均匀，以避免沉陷和损坏。

2. 叶片起吊方式的选择

叶片的起吊有以下两种方法：

（1）推荐采用吊梁的方式进行吊装。吊梁两端吊环处左右各悬挂吊带，下端捆绑于叶片重心左右 3m 处，且需使用前后缘保护罩（图 4-3-3）。保护罩需要至少为长 1m、宽 50cm、厚 6mm，与相应剖面吻合，保护罩内还须垫橡胶等软的填充材料，避免局部的损坏或者产生小的裂纹。叶片前缘应该朝下。当使用吊带时，带宽至少为 200mm。当叶片提升到轮毂系统高度时，至少要使用两个操纵缆（非金属）使得叶片离开地面时也能够很好地控制其位置。

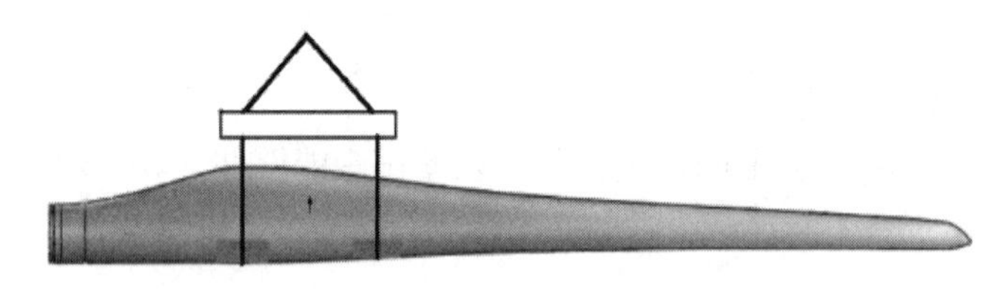

图 4-3-3　单一吊机+吊梁过渡卸叶片示意图

（2）叶片出厂时重心和吊带的位置已经有明显的标记，从叶片的重量、吊带的安全性和安装的便利性综合考虑，推荐选 100t 的副吊。

吊具的安装方式如果现场的场地及道路较好，使用两台吊车比较稳妥。

3. 叶片卸车吊具的安装

按图 4-3-4 所示安装吊带。

4. 叶片的卸车

吊具安装完毕，移去运输工装上的绳索、链条等并集中放好。缓慢起升吊机将叶片吊至目的地缓缓降落，移走吊带，返回起重机继续其他叶片的吊装。

5. 叶片的储存

叶片的储存情况如图 4-3-5、图 4-3-6 所示。

图 4-3-4 单一吊机卸叶片示意图

图 4-3-5 叶片集中放置

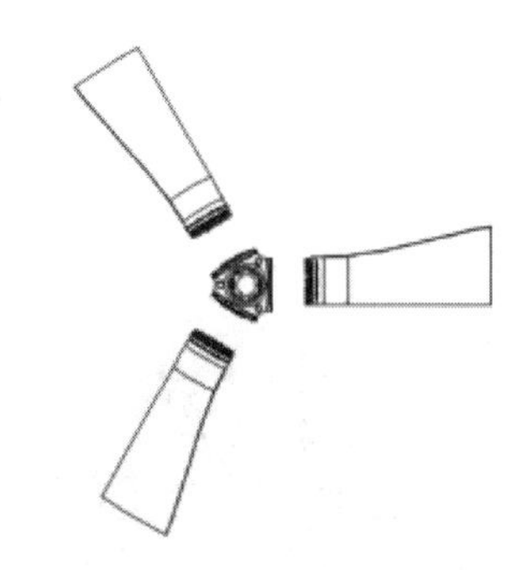

图 4-3-6 叶片与轮毂对应放置顶视图

叶片的外形不规则，因此叶片放置受多种因素制约。在地面承重能力方面，地面必须坚固；空间上如果较大，建议将叶片放置在轮毂周围，或放置在预先指定的轮毂放置区域。尽可能将叶片底端面法兰对准轮毂上的叶片连接法兰（图 4-3-6）。地面条件可能迫使叶片位置与叶片法兰稍有偏离，但是，目的是尽可能好地将叶片对准，以方便安装时将叶片固定于叶片法兰上。如果平面空间较小，叶片则集中存放（图 4-3-5）。

注意：叶片的存放方式与现场具体的环境条件有关，因此会与场地布置示意图中叶片的存放方式有一定的偏离。只要放置好叶片，不同的放置方式都是允许的。

（1）如果运输时有叶片运输支架或槽形支座，存放于地面时，直接在支架下垫枕木（枕木可以是承重方木也可以是铁路轨枕），将枕木放平即可。

（2）如果运输时没有叶片运输支架或槽形支座，存放于地面时，叶片下部必须设置叶尖支架和叶片安装法兰支架，支架高度确保叶片最低部位腾空地面 30～50mm，叶尖支架安放在叶片全长的 6/10～7/10 之间，支架长不小于 500mm，支架上铺设两三层旧地毯或最小厚度为 10mm 的橡胶衬垫，以防止损伤接触面，支架上面不能安放任何其他负荷。

（3）为了防止叶片被阵风吹倒，必须将叶片安全地固定于地面上。最简单的方法是在最大翼弦周围捆扎一条棘轮带，将两条张力线连接到该棘轮带上，棘轮带用锚定销固定于地面上。

（4）在存储期间必须保证叶片法兰面包装完好，以防法兰面损伤或雨水侵蚀。

（5）所有运输用支架使用完毕后，必须集中放置。

三、叶轮安装步骤

1. 安装前的准备

（1）拆除运输保护罩，清理轮毂里面的杂质灰尘，检查整流罩叶片出口与变桨轴承内圈的同轴度，保证在15mm之内（图4-3-7），接好变桨操作箱的控制线。

（2）清除叶片上的污迹或者油污，打磨掉叶片法兰上的毛刺，清理法兰面，调整叶片螺栓到叶片法兰面为209mm。

注意：如果是加厚的变桨轴承，则叶片螺栓到叶片法兰面为220mm（要求叶片螺栓本身也加长）。

（3）按照螺栓紧固作业要求，润滑叶片与轮毂连接紧固件。

2. 安装叶片

（1）用一根扁吊带在叶片中心位置固定好叶片（图4-3-8），缓慢起吊叶片，两个人扶住叶根部位，保证叶片处于平稳状态。

图4-3-7　轮毂

图4-3-8　起吊叶片

（2）平稳移动吊机，使叶片靠近轮毂系统，待叶片接近轮毂系统后，对好叶片与整流罩叶片出口的位置（保证基本同心）（图4-3-9），继续将叶片靠近轮毂系统，直至叶片安装的T形螺栓离变桨轴承10mm左右时，通过操作变桨操作箱使变桨轴承内圈转动（要求有发电机提供电源），将叶片零位标识与变桨轴承内圈零位标识对齐。

（3）将叶片零位对好后（图4-3-10），缓慢将叶片插入变桨轴承内圈上，保证T形螺栓的螺纹不受损坏，套上垫圈，旋入螺母。

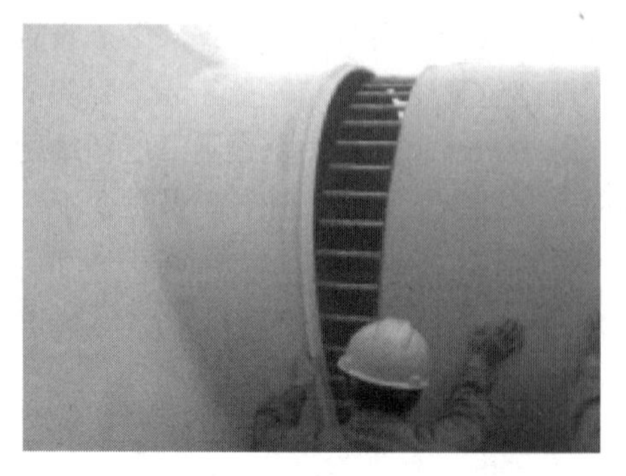

图4-3-9　安装叶片

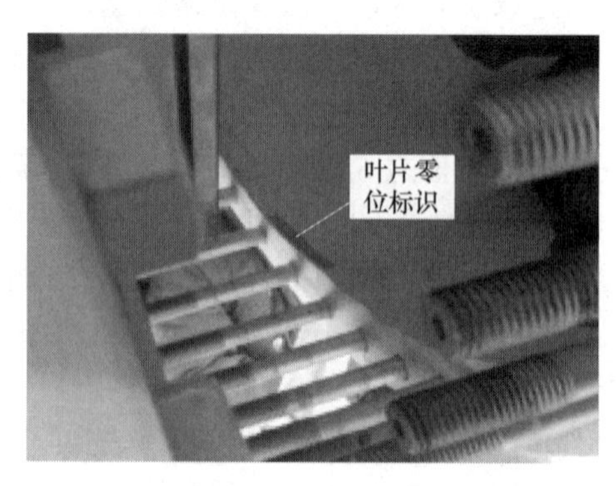

图4-3-10　叶片对零

（4）使用电动扳手快速紧固所有的螺母，卸下吊具，在叶片前部 1/3 处用支架托住叶片；最后通过手动变桨装置使叶片转动，按要求的力矩值的一半预紧螺栓。

（5）依照上述步骤及要求安装另外两片叶片。

（6）为保证在 1 天内吊装完机组，叶片力矩安排在叶轮系统吊装完成之后进行，并使用液压力矩扳手按照螺栓紧固作业要求紧固叶片螺栓。

3. 变桨轴承齿面的润滑

（1）清理变桨轴承齿面和变桨齿轮箱齿面的杂质灰尘。

（2）用毛刷在变桨轴承齿面均匀涂抹润滑脂（图 4-3-11）。

4. 整流罩顶盖的安装

整流罩顶盖的安装如图 4-3-12 所示。

（1）将整流罩顶盖安装到整流罩上，用螺栓、大垫圈 、锁紧螺母、薄螺母连接，用扳手将其紧固。

（2）在结合处的法兰面涂抹耐候密封胶。

图 4-3-11　润滑变桨轴承

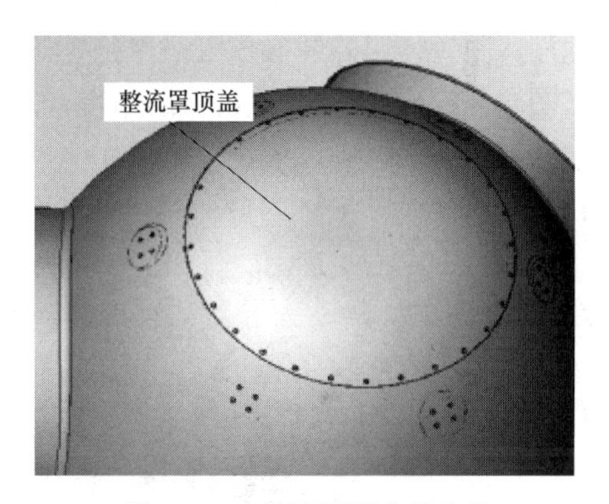

图 4-3-12　整流罩顶盖的安装

5. 叶轮的吊装

（1）检查叶片是否有污垢，如有应将其清理干净。利用变桨控制箱把叶片调整到逆顺桨的位置，用叶片锁定装置把叶片锁定，防止转动（图 4-3-13）。

（2）将两条无接头圆吊带连接到处于垂直位置的两个叶片的叶根处（图 4-3-14），将吊带连接到主吊机吊钩上。

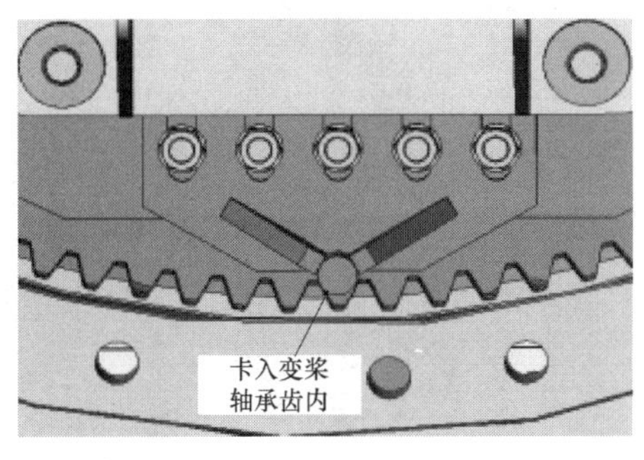

图 4-3-13　叶片锁定装置

图 4-3-14　连接叶片

（3）在主吊机相对的叶片叶尖处安装吊带，并将其连接到辅助吊机上，由于辅助吊点位置较高，为方便拆卸吊带，可以在吊带上系上麻绳，在拆卸吊带时，以方便拆除吊带。

叶轮的吊装视频

（4）将引导绳穿过叶尖吊装保护罩的安装孔，引导绳的长度至少大于轮毂高度+叶片长度+10m，将叶尖吊装保护罩套入叶尖（图4-3-15），由于吊装完之后要卸下，所以切勿用力过大。同时，也要安装好引导绳，以便在叶轮安装好后可以从地面轻松地将其卸掉。

（5）在卸掉螺栓之前，将主辅吊机起吊拉起直到将吊带拉直绷紧。从轮毂运输支架上卸掉螺栓，并集中存放，待返回给厂商。吊起叶轮系统直到1.5m高左右后，清理轮毂底部法兰面的杂质油污，把双头螺柱上旋入轮毂。注意短螺纹一头旋入轮毂内，保证螺栓伸出轮毂法兰面的长度不大于180mm。

（6）起吊叶轮系统（图4-3-16），主吊机开始向上起吊轮毂，辅助吊机保持叶片底部离开地面。同时，引导绳操作人员保持叶轮不随风向改变而移动。待叶轮系统吊至直立位置时（图4-3-17），卸除辅助吊机的吊带。

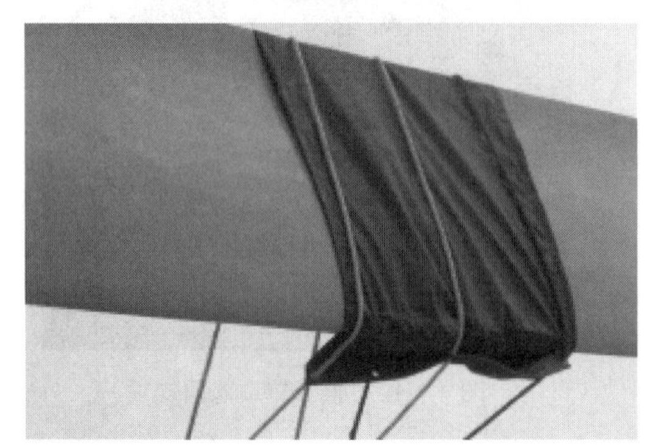
图4-3-15　叶尖保护罩

图4-3-16　起吊叶轮

（7）起吊叶轮系统至轮毂高度后（图4-3-18），机舱中的安装人员通过对讲机与吊车操作保持联系，指挥吊车缓缓平移，轮毂法兰接近主轴法兰时停止。

图4-3-17　叶轮直立

图4-3-18　叶轮安装

（8）调整液压站，使得高速轴制动器松开，缓缓转动高速轴调整主轴法兰的位置，引导绳配合吊车使叶轮系统导向螺栓穿入主轴法兰孔，锁紧高速轴刹车。移动主吊机直至叶轮系统与主轴完全贴紧，用手拧紧螺母、垫圈。

（9）通过旋转高速轴使得叶轮系统转动，先用电动冲击扳手紧固所有螺栓，最后用液压扳手将所有螺栓紧固到规定力矩值。

（10）移走主吊机，卸下吊具，转动叶轮直到叶片指向地面，引导绳和叶尖吊装保护罩便从叶片上坠落下来。如果没有立即落下，应小心仔细地拉动引导绳。

（11）叶轮系统吊装完成之后，清理叶轮、机舱的杂物。

任务四　电　气　安　装

【能力目标】

能够完成机组电气部件的正确安装。

【知识目标】

（1）熟悉电气安装的各种安全规程。

（2）掌握机组接线前的各项准备工作。

一、塔筒电力电缆预安装

塔筒电力电缆预安装分为塔筒动力电缆预安装、塔筒母线及动力电缆预安装，其中塔筒动力电缆预安装又分为塔筒动力电缆分段预安装、65m/70m 塔筒动力电缆不分段预安装，75m/80m 塔筒动力电缆不分段预安装，其结构如图 4-4-1 所示。

注意：塔筒电力电缆预安装要在塔筒吊装之前完成。

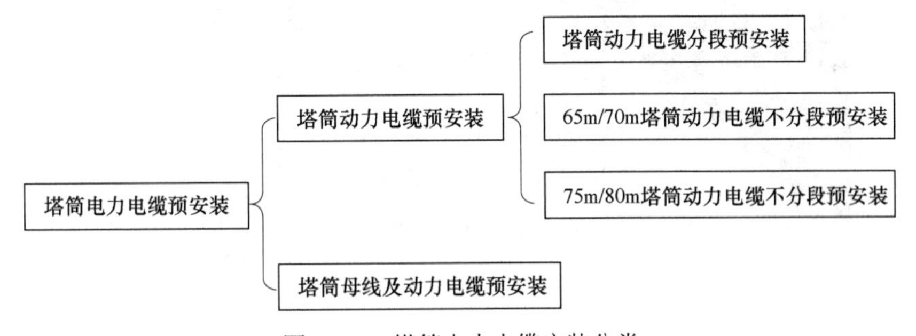

图 4-4-1　塔筒电力电缆安装分类

（一）塔筒电力电缆预安装准备

塔筒电力电缆预安装需要准备的工具见表 4-4-1。

表 4-4-1　　电缆预装工具清单

序号	名称	规格	数量	用途
1	棘轮式手动电缆剪	35～300 mm^2	1 把	截取电缆

续表

序号	名称	规格	数量	用途
2	皮尺	30m	1 卷	量取电缆
3	活动扳手	12"	2 把	打开电缆夹
4	卷尺	3m	1 卷	安装尺寸测量
5	绝缘摇表	1000V	1 套	绝缘测试

（二）塔筒动力电缆绝缘检测

塔筒电缆预安装前，需要对裁剪好的电缆进行绝缘电阻测试，其值必须大于 1MW，可用于安装。

注意：电缆绝缘测试合格后，应立即对电缆端头进行包扎，防雨防潮、防污染。

（三）塔筒动力电缆分段预安装

1. 第一节、第二节塔筒电缆铺设

（1）将电缆放置在第一节或第二节塔筒上法兰处的电缆夹上，电缆长出上法兰 500mm。

（2）按图 4-4-2 所示电缆排布顺序将上法兰处第一个电缆夹上的电缆固定牢靠，将电缆理顺，依次固定五、六个电缆夹上的电缆。

（3）要求电缆布线平、顺，无明显歪曲，然后将电缆拉直放顺，吊装时，将电缆末端理顺，放置在塔底基础上。

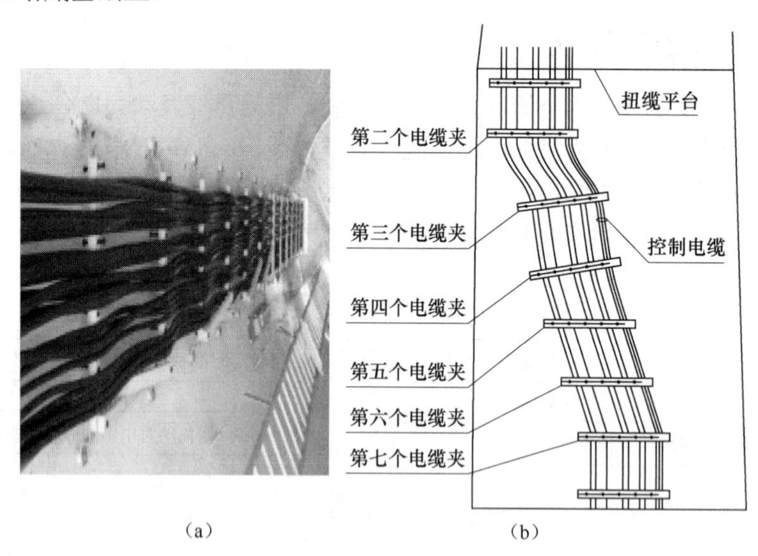

图 4-4-2　第一节、第二节塔筒电缆铺设

2. 第三节塔筒电缆铺设

（1）将电缆放置在第三节塔筒电缆夹上，电缆长出扭缆平台 500mm。

（2）按图 4-4-2 所示电缆排布顺序将扭缆平台下方第一个电缆夹上的电缆固定牢靠。

（3）将电缆理顺，沿电缆夹位排布，依次将电缆放顺并固定到下面的第八个电缆夹上。第二个电缆夹和第七个电缆夹之间有一定错位，电缆弯曲布线时满足电缆最小弯曲半径。

（4）固定时，保证相邻的两电缆夹间电缆弯度一致，并将每个夹位上的电缆均匀绑扎一处。

（5）安装完成的电缆布线要平、顺、无交叉，无明显歪曲，然后将电缆拉直放顺。

（四）65m/70m 塔筒动力电缆不分段预安装

注意：①铺设电缆时，确保塔筒内全部的电缆夹完全打开；②整个操作过程中不能损伤电缆。

1. 第一节、第二节塔筒电缆铺设

第一节、第二节塔筒不预装电缆，直接进行吊装。

2. 第三节塔筒电缆铺设

（1）将电缆一端放置在第三节塔筒扭揽平台下方的 *a* 处电缆夹上，电缆伸出扭揽平台 500mm。

（2）按图 4-4-3 所示电缆排布顺序将 *a* 处的电缆夹上的电缆固定牢靠。

（3）依次理顺所有电缆到对应夹位上，按照 *a* 处电缆夹安装的方法依次将电缆夹固定牢靠，直至安装完 *b* 处电缆夹。

（4）将电缆逐根从一侧起依次将下端没有固定的电缆绕回，电缆弯曲的最下端不应露出塔筒法兰平面。

（5）将电缆按组（每个电缆夹位上的电缆为一组）分别沿爬梯侧杆依次用麻绳进行绑扎，每根电缆需要在该绑扎点绑扎两次。

（6）捆绑好的电缆在吊装时底部不超过塔筒下法兰面。

（7）整个敷设固定绑扎过程中注意不要损伤电缆。

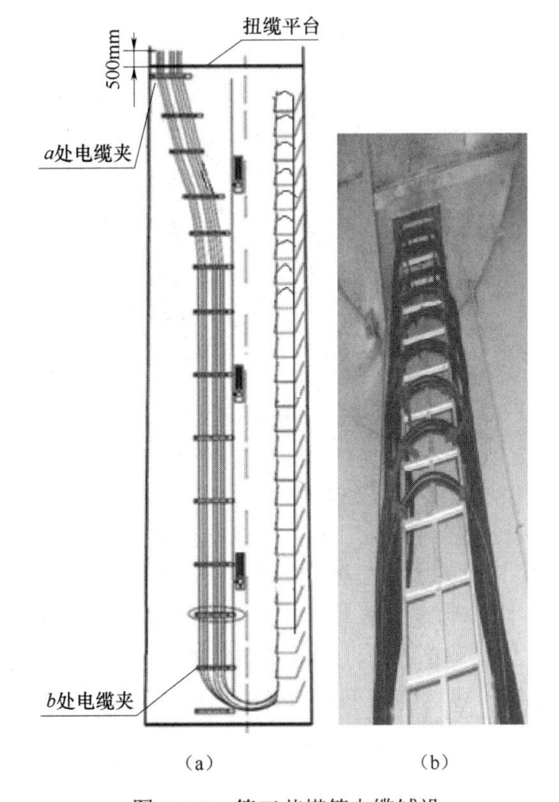

图 4-4-3　第三节塔筒电缆铺设

（五）75m/80m 塔筒动力电缆不分段预安装

1. 第一节、第三节塔筒电缆铺设

第一节、第三节塔筒不预装电缆，直接进行吊装。

2. 第二节塔筒电缆铺设

（1）将电缆放置在第二节塔筒，以第二节塔筒下法兰为准线，预留第一节待安装电缆长度。

（2）按图 4-4-4 所示电缆排布顺序将 *b* 处的电缆夹上的电缆固定牢靠。

（3）依次理顺所有电缆到对应夹位上，按照 *a* 处电缆夹安装的方法依次将第二节塔筒的所有电缆夹固定牢靠。

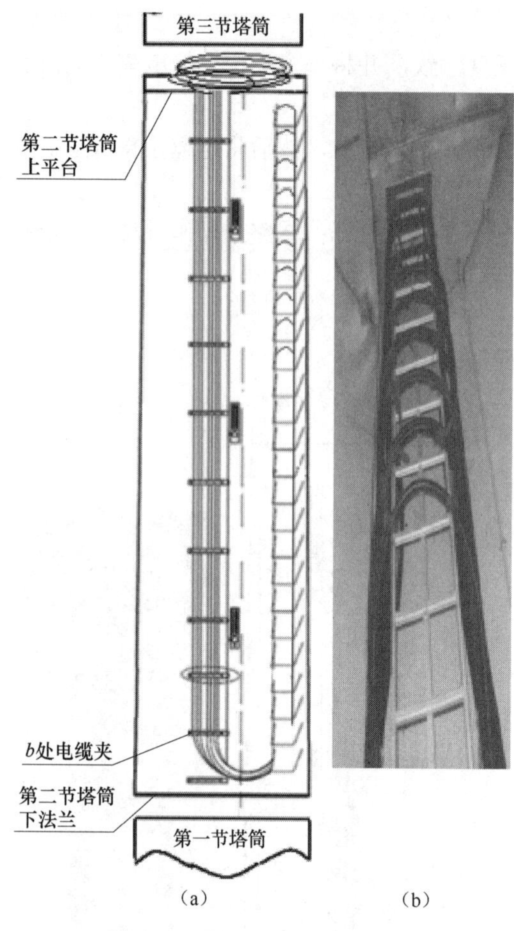

图 4-4-4 第二节塔筒电缆铺设

（4）将预留的第一节塔筒电缆逐根从一侧起依次绕回。电缆弯曲的最下端不应露出塔筒法兰平面。

（5）将电缆按组（每个电缆夹位上的电缆为一组）分别沿爬梯侧杆依次用麻绳进行绑扎，每根电缆需要在该绑扎点绑扎两次。

（6）将第二节塔筒上平台外的电缆依次按组（每个电缆夹位上的电缆为一组）理顺，每隔 2～3m 用扎带绑扎（不用剪掉扎带头）牢固，然后圈起来整体用麻绳绑扎成捆，并牢靠固定在第二节塔筒的上平台处。

（7）捆绑好的电缆在吊装时底部不超过塔筒下法兰面。整个敷设固定绑扎过程中注意不要损伤电缆。

（六）塔筒母线动力电缆预安装

1. 母线排安装

（1）吊装前安装母线排及母线接线箱，安装时参照项目对应的母线排安装说明手册。

（2）安装完的母线要检查绝缘达到要求（一般大于 250MΩ），过程中加强自检。

2. 母线接线箱与变频器连接动力电缆敷设

第一节塔筒母线排安装完成后，连接母线接线箱接至变频器的动力电缆，打开第一节塔筒母线接线箱下方需要使用的电缆夹。

（1）电缆线耳制作。

（2）连接电缆。

1）在塔形密封圈进线口割开比电缆外径小一半的圆口，将电缆引入。

2）安装完成的电缆头要密封可靠。电缆引出母线接线箱后，若电缆头为防水接头，则锁紧电缆防水接头。

3）母线箱与电缆夹之间有一定的角度，安装时要满足电缆的最小安装半径，电缆依一定弧度引出箱体后，按图 4-4-5 所示电缆排放顺序安装固定母线接线箱下方的两个电缆夹上的电缆。

二、塔筒间照明电缆的连接测试

塔筒间照明电缆的连接如图 4-4-6 所示。

注意：①吊装完成后，首先连接好各节塔筒之间的照明电缆，照明系统测试合格后，塔筒照明可以用于后续安装。②连接时需要准备照明灯具（头灯或其他灯）。

图 4-4-5 电缆弧度引出

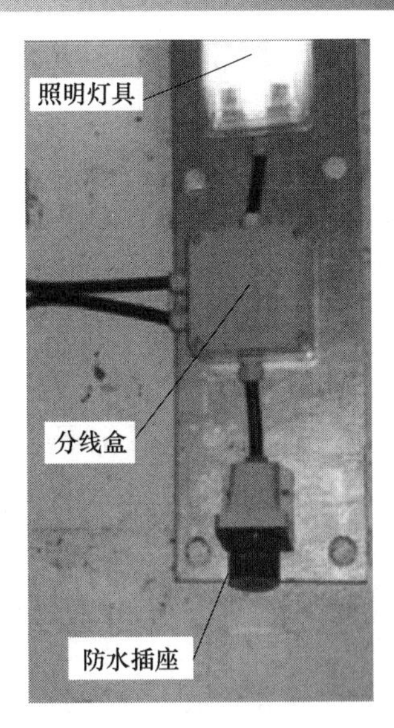

图 4-4-6 塔筒照明电缆的连接

（1）各节塔筒间的照明连线已经由供应商安装好或在塔筒电缆预装前已经安装好。塔筒间的连接线绑扎在其中一节塔筒内。

（2）吊装完成后，将电缆绑扎解除，将这根电缆连接到另一节塔筒指定的分线盒，在正确长度处将电缆切断，剥开电缆，按照图纸将照明电缆连接到对应端子上即可，依次连通整个塔筒。

（3）在塔筒照明部件安装、连接完毕之后，通上 380V 交流电源，分别测试开关、插座、照明灯的工作是否正常，并做好相关测试记录。

风机接线安装视频

三、塔筒电力电缆放线安装

注意：①吊装完成后，塔筒内动力扭缆、动力电缆、控制电缆应尽快放线安装固定；②检查确认待放线处的电缆夹全部完全打开。

（一）塔筒内动力电缆放线

（1）塔筒动力电缆分段安装及塔筒母线动力电缆安装的塔筒内动力电缆不需要放线，

塔筒吊装完，电缆已经垂放到塔筒电缆夹上。

（2）65m/70m 塔筒动力电缆不分段安装的塔筒，完成第三节塔筒动力电缆放线。

（3）75m/80m 塔筒动力电缆不分段安装的塔筒，完成第二节塔筒动力电缆放线。

（4）放线操作方法为：逐组（每个电缆夹位上的电缆为一组）将要放线的电缆从爬梯处由下而上依次解除绑扎点，并同时在每层平台安排人员将电缆端头引向平台处的电缆过线口慢慢向下放线；重复上述工作直至所有的电缆放线完毕，确保整个过程不损伤电缆。

（二）扭缆及控制电缆放线安装

电缆放线按电缆外径由大到小、先电源电缆后信号电缆的顺序放线。即先后次序为：

$240mm^2$电缆、$95mm^2$电缆、供电电缆400V、供电电缆690V、照电缆、发电机编码器电缆、光纤、解缆信号电缆。

1. 动力扭缆放线

将机舱平台上的动力扭缆逐根放下，调整电缆网兜的位置，兜好电缆，用卸扣将电缆网兜固定在电缆支撑上，注意电缆支撑受力分布均匀。扭缆环2处放线到外侧，其他扭缆环处均放线到内侧。

2. 控制电缆放线

放线时，将供电电缆400V、供电电缆690V、光纤在机舱侧电缆沿线槽敷设好，引至机舱柜下方，预留好电缆。

照明电缆、发电机编码器电缆、光纤、解缆信号电缆均穿扭缆环内侧布线；供电电缆400V、供电电缆690V要穿电缆网兜，在扭缆环2处放线到外侧，其他扭缆环处均放线到内侧。

（三）电缆在偏航电缆支撑上的固定

电缆在偏航电缆支撑上的固定如图4-4-7所示。

（1）用卸扣将电缆网兜固定在电缆支撑上，注意电缆支撑受力分布均匀。

（2）照明电缆、发电机编码器电缆、光纤、解缆信号电缆用扎带（550W 扎带若干）绑扎固定在电缆支撑上。

（3）电缆固定时理清电缆顺序，避免电缆交叉。

（4）电缆放线完成后，检查卸扣的固定是否牢靠，将防松插销插到位，并掰开插销头。

图4-4-7　电缆固定

（四）扭缆在扭缆环上的固定安装

扭缆环上电缆的固定原则：尽量将大线径电缆（包括供电电缆690V、400V）绑扎在扭缆环上，其他不能绑扎到扭缆环上的扭缆放置在扭缆环内。

1. 扭缆环1上电缆固定

扭缆环1上电缆的固定如图4-4-8所示。

（1）电缆穿过平台上部电缆环 1，用扎带穿过相邻的两个孔将电缆绑扎在扭缆环上。连续绑扎所有电缆，电缆整齐排布，避免电缆扭曲交叉，扎带头朝向一致。

（2）其他不能绑扎到扭缆环上的扭缆放置在扭缆环内。

（3）绑扎完电缆后，剪掉扎带头。

2. 扭缆环 2 上电缆的固定

扭缆环 2 上电缆的固定如图 4-4-9 所示。

图 4-4-8　扭缆环 1 上电缆的固定

图 4-4-9　扭缆环 2 上电缆的固定

（1）电缆穿过平台之后，固定扭缆环 2，将扭缆环 2 中部置于同解缆开关滑轮水平的位置上，将电缆拉直，用扎带穿过相邻的两个孔将电缆绑扎在扭缆环外侧，连续绑扎所有电缆，电缆整齐排布，避免电缆扭曲交叉。

（2）其他不能绑扎到扭缆环上的电缆放置在电缆环内。

（3）电缆从上放下，垂直安装，即扭缆环 2 上与扭缆环 1 上绑扎的同根电缆安装后是垂直的。

（4）完成后的扭缆环要水平。

（5）绑扎完电缆后，剪掉扎带头。

3. 工字梁处电缆的固定管

工字梁处电缆的固定如图 4-4-10 所示。

（1）扭缆环 2 绑扎完毕后，检查工字梁处两个电缆固定管的管端是否均已倒角，未倒角的电缆固定管存在磨损、割伤电缆的风险，必须整改好才可以使用。

（2）检查工字梁的安装情况，必要时需要做紧固处理。

图 4-4-10　工字梁处电缆固定管

4. 电缆防护包衣的安装

电缆防护包衣的安装如图 4-4-11 所示。

（1）电缆防护包衣安装在工字梁下端的电

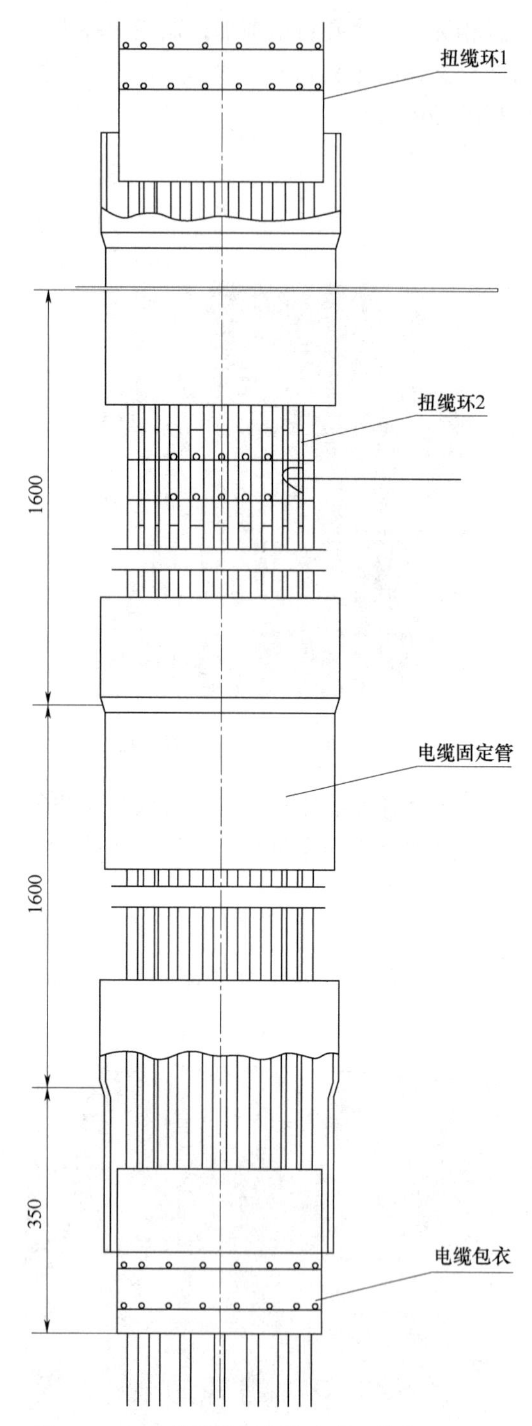

图 4-4-11　电缆防护包衣的安装（单位：mm）

缆固定管处。

（2）安装时，将电缆防护包衣掰开，把电缆逐根放入电缆防护包衣内，整理好电缆，用扎带穿过相邻的两个孔将电缆绑扎在扭缆环上，连续绑扎所有电缆，电缆整齐排布，避免电缆扭曲交叉，扎带头朝向一致。

（3）其他不能绑扎到扭缆环上的扭缆放置在扭缆环内。

（4）电缆要垂直安装，即电缆包衣、扭缆环 2、扭缆环 1 上绑扎的同根电缆安装后是垂直的。

（5）绑扎完电缆后，剪掉扎带头。

（五）马鞍处电缆布线

马鞍处电缆放线的注意事项如下：

（1）电缆按以一定的弧度（此处电缆约打弯 3m）绕过马鞍架（图 4-4-12）。电缆垂弯部位最低处距平台 400mm 左右。电缆垂弯弧度一致。

（2）马鞍处柔性电缆连接动力电缆或母线接线箱，连接时，注意电缆上的标识，按相序及次序连接。

（3）电缆在电缆夹上固定时，根据电缆上的标识相序，按电缆夹上要求的次序固定。

（4）电缆接入母线接线箱时，按电缆标识相序次序从左到右接入对应相序。发电机接地电缆连接在定子母线箱的 PE 点上，机座接地电缆连接在转子接线箱的 PE 点上。

（5）理顺电缆，每组绑扎好并按图 4-4-13 所示方向排布，从左到右。

（6）电缆按图 4-4-13 所示的排布顺序每个夹位一组，依次绑扎整齐。

至此，动力扭缆放线完成。控制电缆可以开始放线到塔筒底部。照明电缆、解缆信号电缆圈起放置在马鞍处，等待接线。

其他控制电缆放线：从马鞍处平台的控制电缆过线开口处徐徐放下至塔基连接柜体处，电缆经过的各个平台开口处都应有人看护协助放置电缆，防止电缆割伤碰伤等。各人员保持随时联系，配合作业。

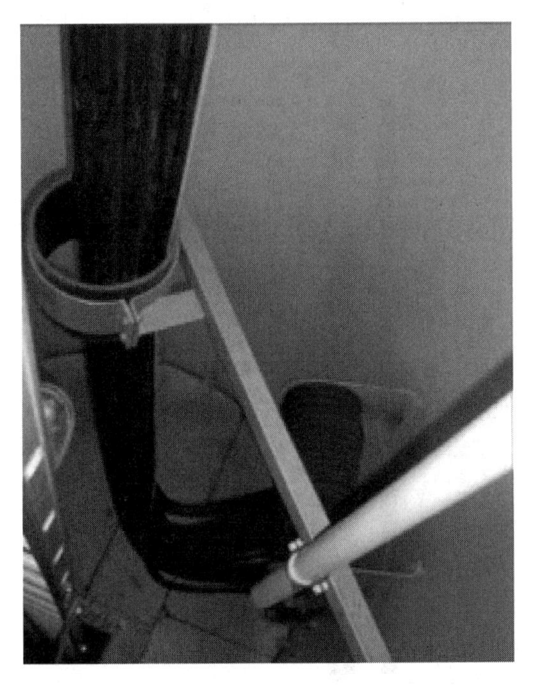

图 4-4-12　马鞍处电缆的固定

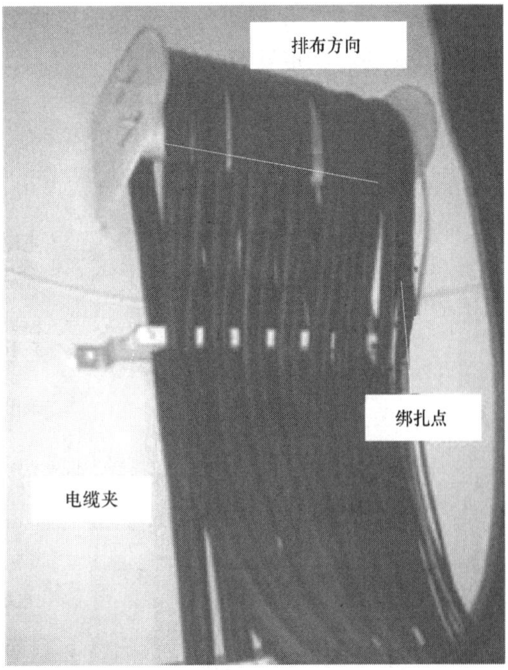

图 4-4-13　电缆排布

（六）塔筒电缆固定安装

注意：①确认动力电缆、动力扭缆、控制电缆放线完成；②检查确认待安装处的电缆夹全部完全打开。

（1）塔筒母线动力电缆安装的塔筒不需要进行此步操作。

（2）75m/80m 塔筒动力电缆不分段安装的塔筒，第三节塔筒内的电缆需要起吊安装。

第三节塔筒电缆起吊安装的方法如下：

1）将固定在第二节塔筒上平台的电缆解除其与上平台的固定。

2）按平台上成捆电缆的顺序，依次解开麻绳，并在电缆端头 1m 的位置用绳索拴牢每组（每个电缆夹位上的电缆为一组）电缆，将各组电缆吊起，穿过动力电缆过线口，将绳索拴牢在扭缆平台上面，吊起的电缆排布顺序要和电缆夹上的顺序对应。

注意：电缆不可以拉得过紧，第三节塔筒内电缆夹拐弯处需要留一定的余量，可以先用皮尺测出电缆整体需要安装到夹位的电缆长度，并在一组电缆上做标尺标志，其他各组电缆吊起等标志拉齐拴牢。

3）先固定好第三节塔筒最下部一个电缆夹。从下往上数，将打弯电缆夹前一个电缆夹处的电缆拉到对应夹位上，合上电缆夹，目测此处到第三节塔筒最下部一个电缆夹间的电缆已经拉直，紧固螺栓（目的：电缆夹不在同一中心线上，电缆不垂直，中间定位，方便电缆固定安装）。再从第三节塔筒下方起依次固定电缆夹，紧固螺栓，打弯处的电缆夹要将电缆拉到对应夹位，从下到上依次安装至扭缆平台处。

4）理顺塔筒垂下的控制电缆，用扎带绑扎（图 4-4-14）或固定到金属电缆夹内（图 4-4-15）。

（3）塔筒动力电缆分段安装的塔筒、65m/70m 塔筒动力电缆不分段安装的塔筒、

75m/80m 塔筒动力电缆不分段安装的塔筒放线完成后，电缆已垂放到塔筒电缆夹上的电缆直接固定安装。固定安装方法如下：

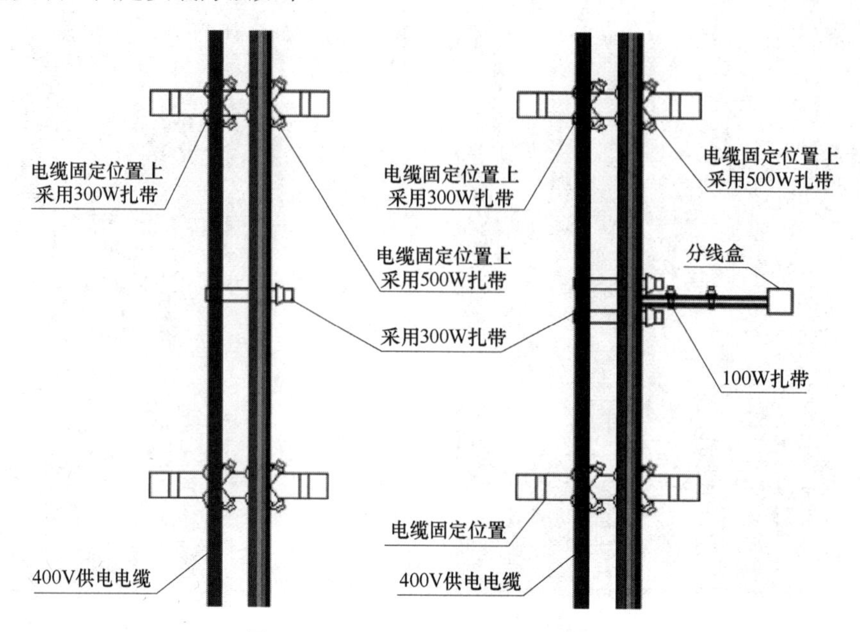

图 4-4-14 控制电缆绑扎固定示意图

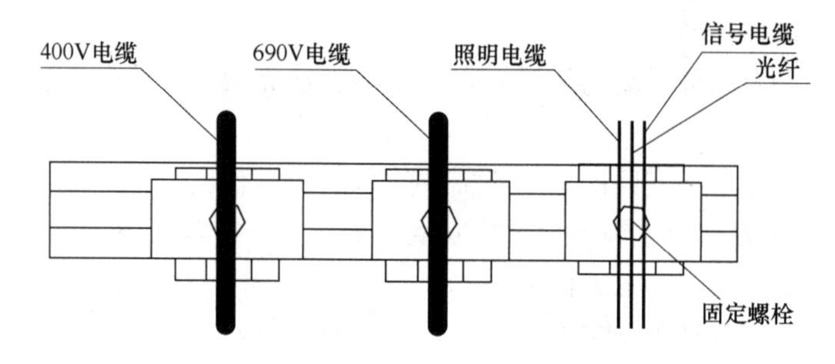

图 4-4-15 控制电缆在金属电缆夹上的固定

1）理顺控制电缆和动力电缆，从上至下一同固定。

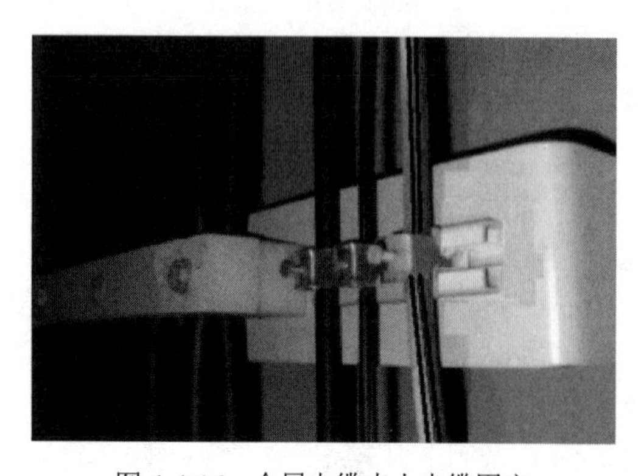

图 4-4-16 金属电缆夹上电缆固定

2）理顺塔筒垂下的控制电缆，用扎带绑扎（图 4-4-14）或固定到金属电缆夹内（图 4-4-15）。

a. 将动力电缆理顺，排布在电缆夹正确位置，从上至下依次压紧电缆夹，拧紧固定螺钉，固定所有的电缆夹。

b. 要求电缆垂直，电缆之间固定位置无紊乱，交叉等，保证每个电缆夹对应位置上的电缆为同一根电缆。

金属电缆夹上电缆安装方法（图 4-4-16）

为：①将金属电缆夹的固定螺栓退到底，把电缆放进电缆夹内，沿导轨边推入固定位置，然后将电缆夹底扣放入电缆夹与导轨间，用螺丝刀拧紧固定螺栓；②安装顺序为 400V 电缆、690V 电缆、其他控制电缆。

c．固定安装电缆，塔筒法兰处要拱起电缆（图 4-4-17）。固定安装时应注意：①塔筒连接法兰处的电缆要防止割伤，电缆要留一定余量并塑出一定的形状；②上下两塔筒法兰处电缆夹间动力电缆均匀绑扎 1 处，控制电缆均匀绑扎 6 处；③塔筒安装动力电缆时，上下两塔筒法兰处电缆夹间动力电缆均匀绑扎 1 处，控制电缆均匀绑扎 6 处；④塔筒安装母线排时，上下两塔筒法兰处控制电缆均匀绑扎 6 处。

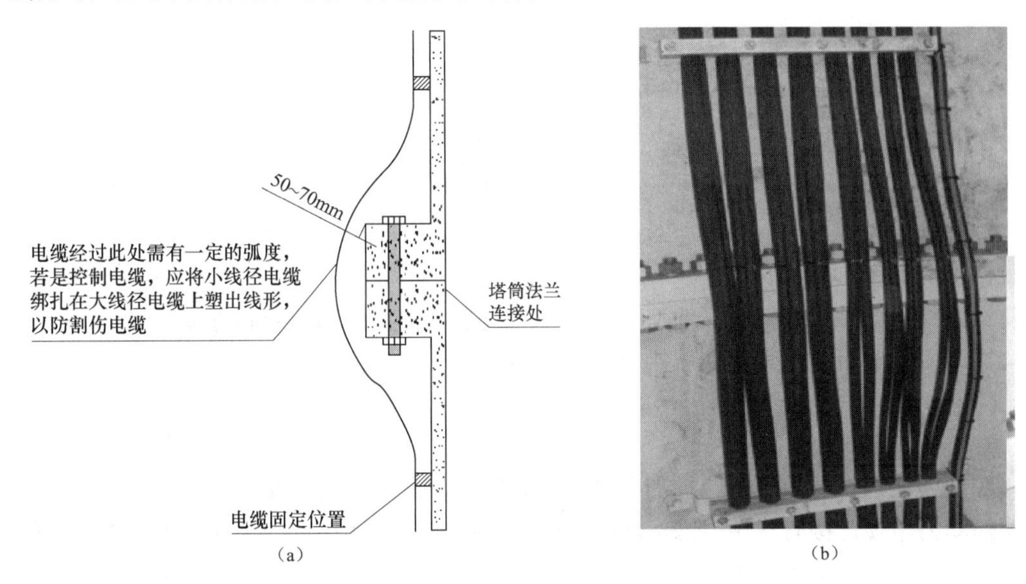

图 4-4-17　控制电缆在塔筒法兰处的固定

四、塔筒电缆连接方法

（一）电缆绝缘的剥除

电缆绝缘的剥除如图 4-4-18 所示。

（1）对电缆进行连接时，首先根据选择的型号剥除合适的电缆绝缘，应注意剥除绝缘时不能伤到导线丝。

（2）理顺导线丝，插入连接件，插入的导线丝不能纠结、扭曲，外露不超过给定值。

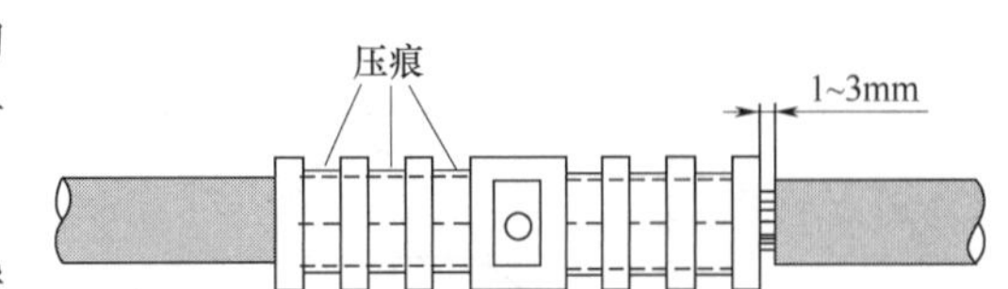

图 4-4-18　电缆绝缘的剥除

（二）电缆连接件压接

注意：用压接钳和配套模具进行冷态压接，压模每压接一次，在压模合拢到位后应停留 10～15s，使压接部位金属塑性变形达到基本稳定后，才能消除压力。

1．对接管压接

对接管压接如图 4-4-19 所示。

（1）对动力电缆进行连接时，根据选择的型号选择合适模具，按正确的间距和方案压接。

（2）压接完成后，清理干净压接产生的毛刺。

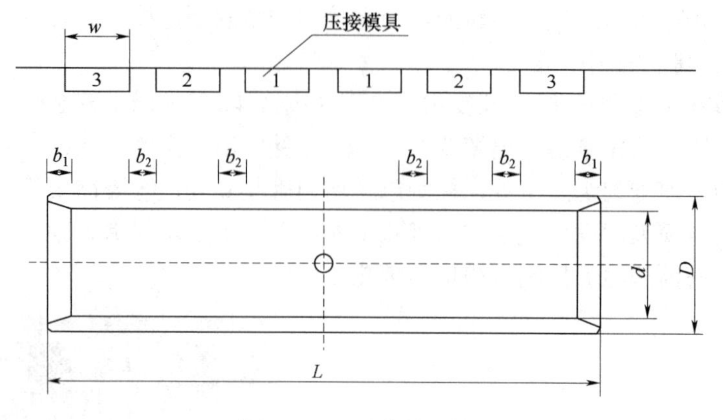

图 4-4-19　对接管压接

b_1—管端距离；b_2—压痕间距；w—模口宽度；D—对接管的外圈直径；d—对接管的内圈直径；L—管长

2. 线耳压接

线耳压接如图 4-4-20 所示。

（1）线耳连接时，根据选择的型号选择合适模具，按正确的间距和方案压接。

（2）压接完成后，清理干净压接产生的毛刺。

五、塔筒动力电缆连接

塔筒动力扭缆、动力电缆、控制电缆放线完毕后，进行塔筒电缆的连接。

塔筒动力电缆连接有三种方法，即防水热缩连接、热缩连接、冷缩连接，其中最常用的为防水热缩连接。塔筒动力电缆连接选用何种连接方式应根据项目要求而定。

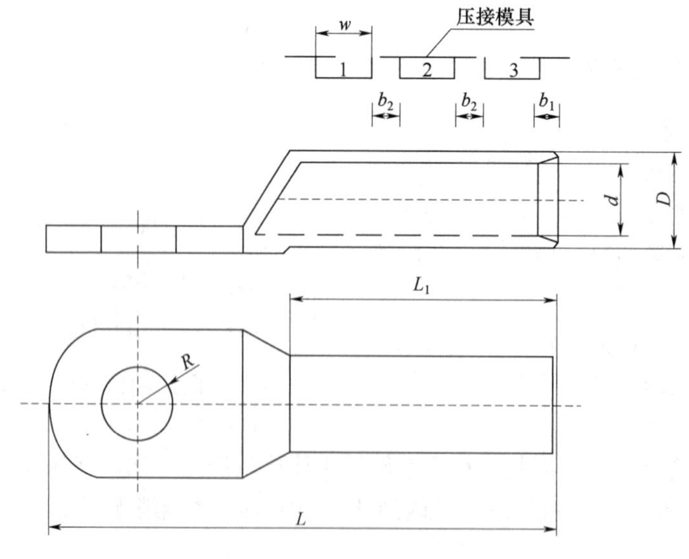

图 4-4-20　线耳压接

b_1—管端距离；b_2—压痕间距；w—模口宽度；D—对接管的外围直径；
d—对接管的内圈直径；L—管长；L_1—深度；R—螺丝孔半径

（一）防水热缩连接

1. 检查导线

导线两端必须干净且干燥，如有必要，在装配之前，用布或刷子将电缆头清理干净。

准备好工具和热缩管，工具有 250mm^2 剪线钳、液压钳、电工刀；热缩管有 200mm 和 300mm 的ϕ40、ϕ30 热缩管。适当剥除电缆绝缘。每个连接处需要两个热缩管，根据项目塔筒电缆需要的连接处数量来准备热缩管的数量。

2. 套热缩管

240mm^2 电缆套入ϕ40 的热缩管，95mm^2 电缆套入ϕ30 的热缩管，先套长 200mm 的，再套长 300mm 的热缩套管。

3. 连接电缆

（1）电缆连接不许交叉，要求相序对应（图 4-4-21）。

（2）连接时用液压钳夹着电缆对接管的一端，中间靠外（图 4-4-22），然后将一端电缆的铜芯插入对接管，然后用液压钳压紧，连续压 2 或 3 处，完成后，按以上方法再压接另一端。

图 4-4-21　电缆对应连接

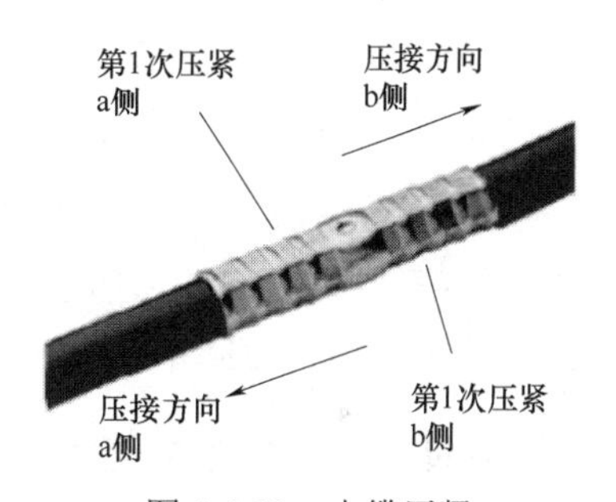

图 4-4-22　电缆压紧

4. 密封热缩管

密封热缩管如图 4-4-23 所示。

（1）用防水密封胶将电缆对接接头处填充满（防水密封胶填充与电缆绝缘表皮平齐）。

（2）把热缩管中心移至对接管的中心处。

（3）密封时先将长 200mm 的热缩管烤制热缩，再将长 300mm 的热缩管烤制热缩。

（4）用热风枪吹热缩管时，需要从中间往两端吹，要让热缩管受热均匀，防止中间鼓入空气。

（二）热缩连接

1. 检查导线

导线两端必须干净且干燥，如有必要，在装配之前，用布或刷子将电缆头清理干净。

准备好工具和热缩管，工具有 250mm^2 剪线钳、液压钳、电工刀；热缩管有 200mm 和 250mm 和 300mm 的ϕ40、ϕ30 热缩管。适当剥除电缆绝缘。每个连接处需要三个热缩管，根据项目塔筒电缆需要的连接处数量来准备热缩管的数量。

2. 套热缩管

240mm^2 电缆套入ϕ40 的热缩管，95mm^2 电缆套入ϕ30 的热缩管，先套长 200mm 的，

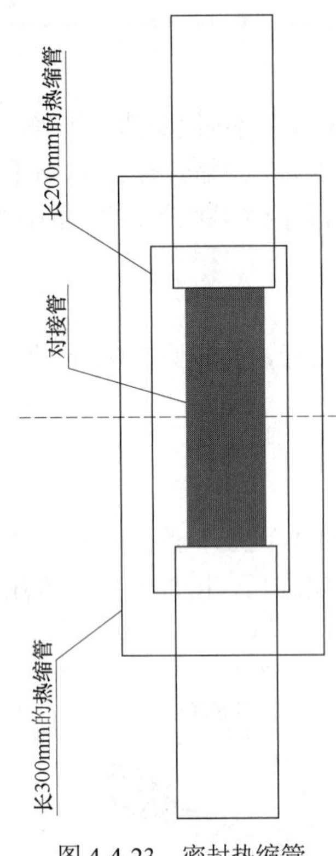

图 4-4-23 密封热缩管

再套长 250mm 的，然后套长 300mm 的热缩套管。

3. 连接电缆

同“（一）防水热缩连接”中密封热缩管的方法。

4. 密封热缩管

同“（一）防水热缩连接”中密封热缩管的方法。

（三）冷缩连接

（1）检查导线。导线两端必须干净且干燥，如有必要，在装配之前，用布或刷子将电缆头清理干净。准备好工具和热缩管，工具有 250mm^2 剪线钳、液压钳、电工刀；冷缩管有 240mm^2 和 95mm^2 的冷缩管。适当剥除电缆绝缘。每个连接处需要三个热缩管，根据项目塔筒电缆需要的连接处数量来准备冷缩管的数量。

（2）套入对应冷缩管。

（3）连接电缆。

（4）冷缩管安装（图 4-4-24）。

1）用防水密封胶将电缆对接接头处填充满（防水密封胶填充与电缆绝缘表皮平齐）。

2）把冷缩管中心移至对接管的中心处，然后将冷缩管抽头抽出。

3）注意抽头方向，方向错误，无法拉出或可能毁坏冷缩管

六、塔筒母线与动力电缆连接

塔筒动力扭缆、控制电缆放线完毕后，进行母线连接。母线连接时参照项目对应的母

线排安装说明手册。

电缆端头连接有三种方法，即热缩连接、防水热缩连接、冷缩连接，其中最常用的为热缩连接。电缆端头连接选用何种连接方式根据项目要求而定，此电缆端头连接包括塔筒母线与动力电缆连接、动力电缆与变频器连接。

（一）塔筒电缆热缩连接

1. 线耳压接

（1）按图 4-4-25 所示压接方向依次压接。

（2）线耳压接完成后，打磨干净压接毛刺。

2. 热缩管密封（4-4-26）

（1）线耳压接完成后，穿入两个 100mm 相应的热缩管（240mm^2 电缆穿 ϕ40 的热缩管，95mm^2 电缆穿 ϕ30 的热缩管）。

（2）将一个热缩管置于安装位置，用热风枪吹热缩管时需要从中间往两端吹，要让热缩管受热均匀，防止中间鼓入空气，依次完

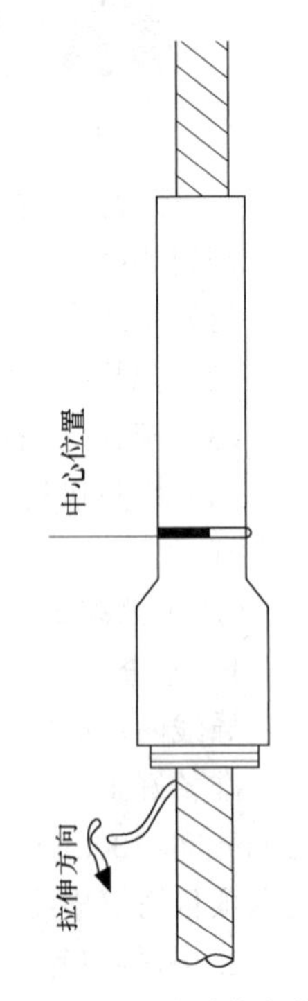

图 4-4-24 冷缩管安装

成三层防护。

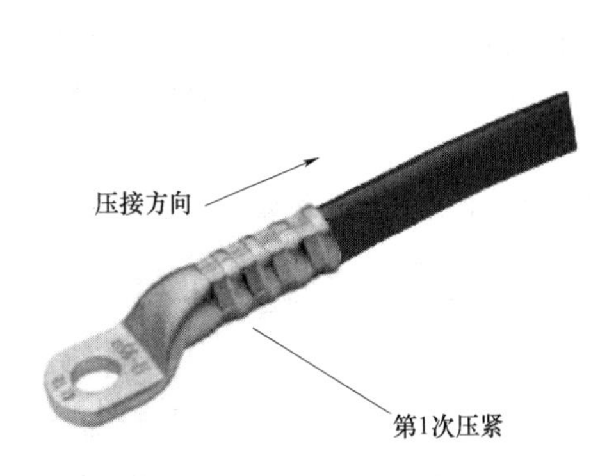

图 4-4-25 线耳压接

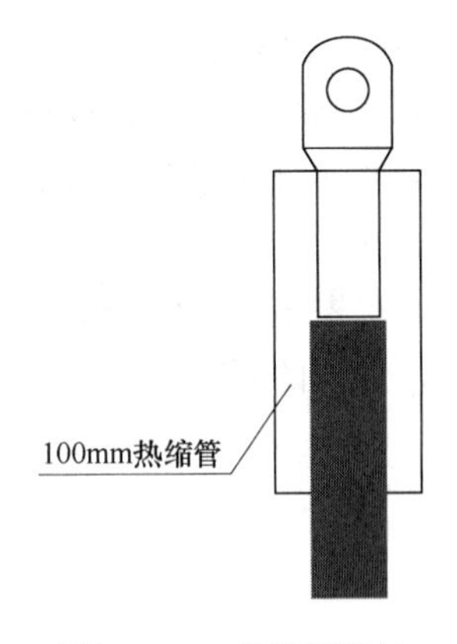

图 4-4-26 热缩管密封

（二）塔筒电缆防水热缩连接

（1）线耳压接

（2）热缩管密封

1）线耳压接完成后，穿入两个 100mm 相应的热缩管（$240mm^2$ 电缆穿 $\phi 40$ 的热缩管，$95mm^2$ 电缆穿 $\phi 30$ 的热缩管）。

2）用防水密封胶填充线耳侧与电缆齐平，填充不超出热缩管安装位置。

3）将一个热缩管置于安装位置，用热风枪吹热缩管时需要从中间往两端吹，要让热缩管受热均匀，防止中间鼓入空气，依次完成两层防护。

（三）塔筒电缆冷缩连接

（1）线耳压接。

（2）冷缩管密封（图 4-4-27）。

1）线耳压接完成后，穿入相应的冷缩管。

2）用防水密封胶填充线耳侧与电缆齐平，填充不超出冷缩管安装位置。

3）把冷缩管移至对接管的中心处，然后将冷缩管抽头抽出。

4）注意抽头方向，方向错误，无法拉出或可能毁坏冷缩管。

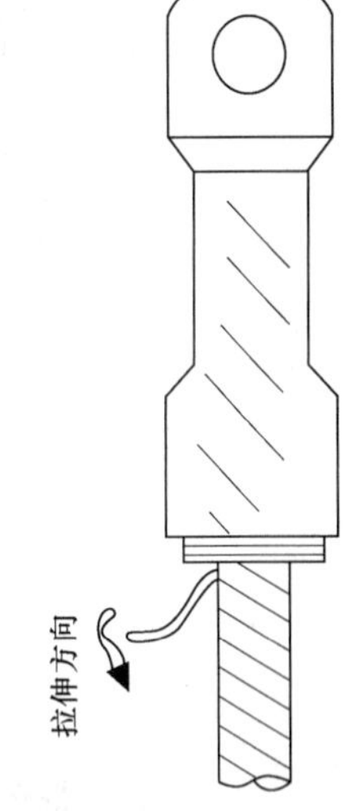

图 4-4-27 冷缩管密封

七、电缆、标识安装说明

机组整个连线过程中要满足电缆安装要求，电缆均要有安装标识，并按以下要求进行安装。

（一）电缆标识安装

（1）现场安装时，可以在塔基柜内侧面的文件资料栏内找到此电缆标识袋，在外包装上的标签上可以得到配套的项目及机组编号信息。

（2）制作电缆时，按标牌及号码管的标识方法寻找对应的电缆标识安装。

（3）按标牌及号码管的安装方式安装电缆标识。

1. 标牌及号码管的标识方法

（1）控制柜侧号码管标识为：端子号或元件代码：接线端子代码或接线位置代码。

（2）部件侧侧号码管标识为：电缆号：接线位置代码。对于自带线，此侧无号码管标识。

（3）每根电缆的两个端头均有一个电缆号。标识为电缆的电缆号。电缆为二芯及以上线芯时，接线的线芯需要穿套号码管，如图 4-4-28 所示。

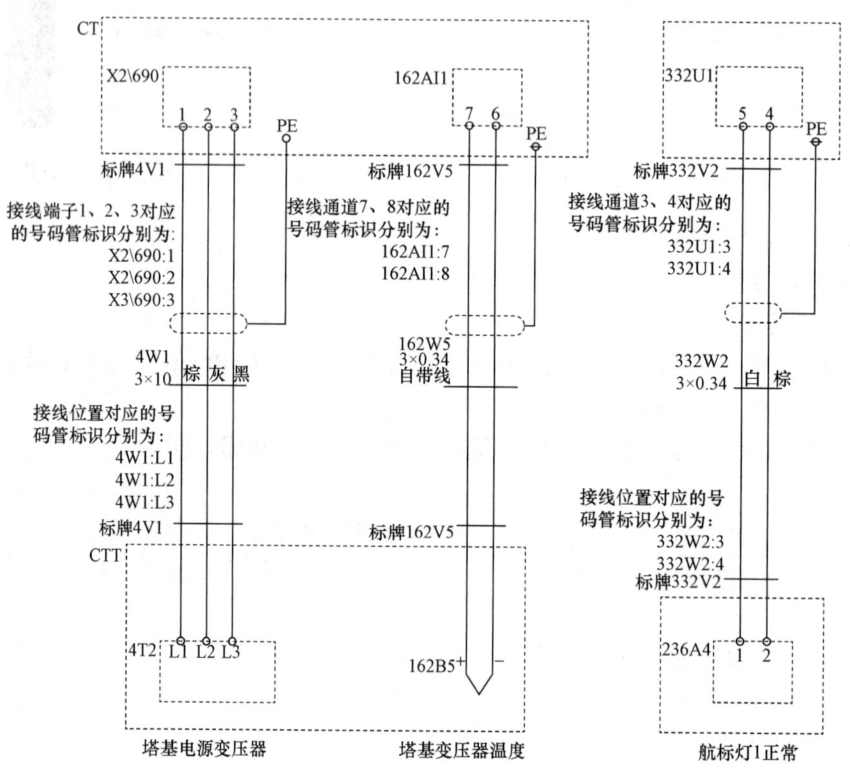

图 4-4-28 电缆标识示意图

CT—电缆桥架；CTT—塔基变压器

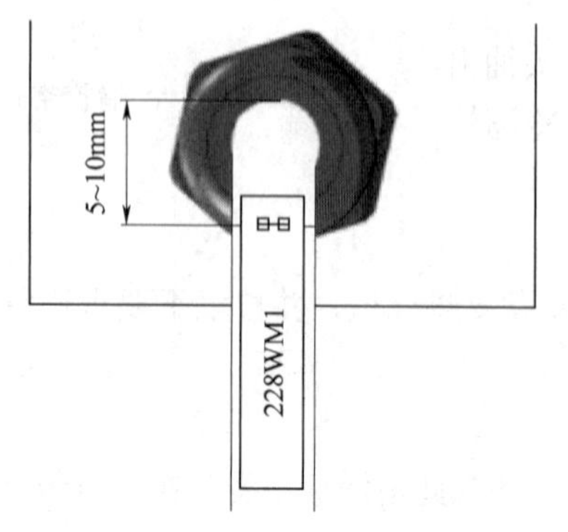

图 4-4-29 部件侧标牌示意图

2. 标牌的悬挂位置及文字方向

（1）部件侧标牌悬挂：在元件外侧电缆接头或部件出线位置以下 5～10mm 处电缆的线体上，用扎带绑扎，如图 4-4-29 所示。

（2）控制柜侧标牌悬挂：控制柜内供电电缆分线处电缆绑扎在固定排上，其最后一固定点下 15～20mm 处绑扎号码牌，同一固定排处的标牌高度保持一致，如图 4-4-30 所示。

（3）号码管的穿套及文字方向示意如图 4-4-31 所示。

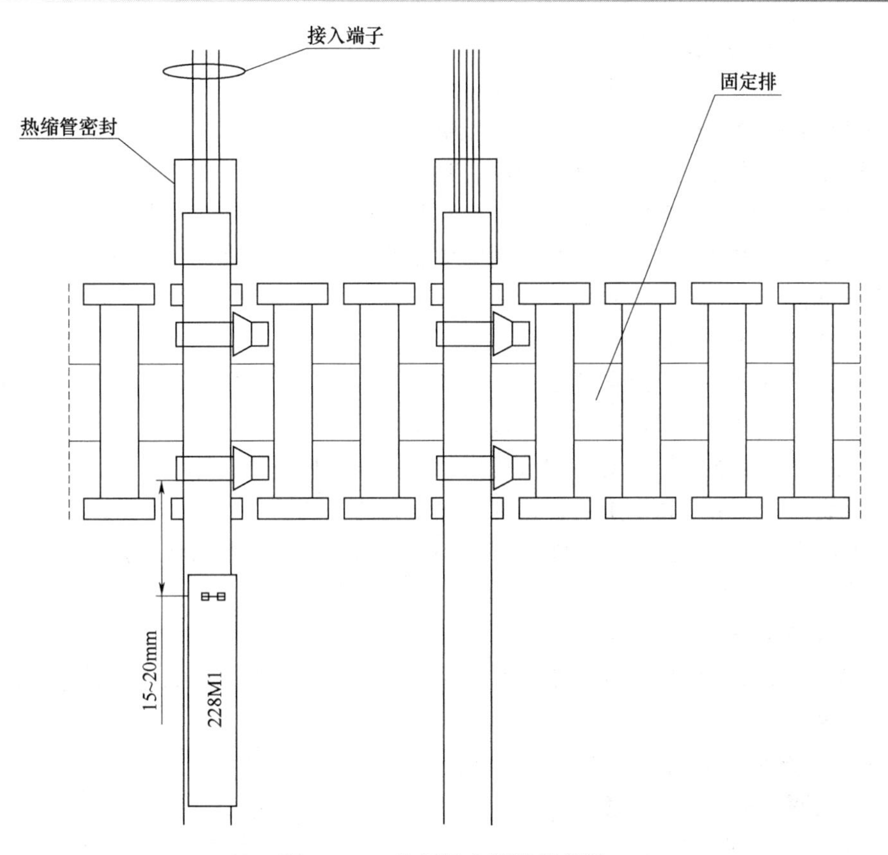

图 4-4-30　控制柜内标牌示意图

（二）电缆安装要求

电缆布线应严格按照要求的路径。电缆布线应横平竖直，线路转弯时满足最小弯曲半径，并在电缆转弯的两端 50～100mm 处固定，其他固定处扎带分布以 300～400mm 为宜；

电缆和其他部件等有干涉处宜选绝缘阻燃型软材料对电缆进行垫包。

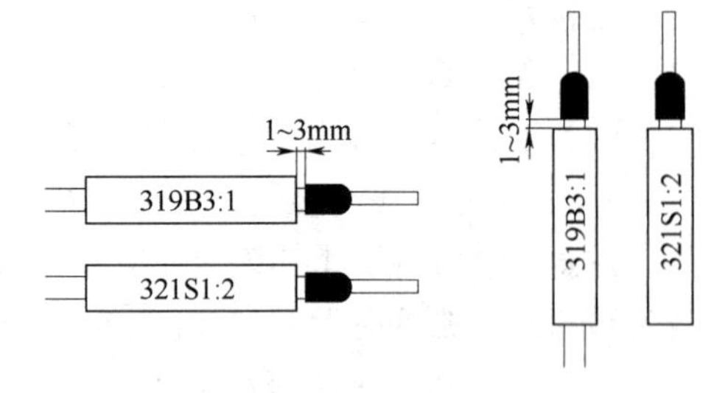

图 4-4-31　号码管穿套示意图

现场接线时，若进线采用塔形密封圈，应将其割开比电缆外径小一倍的圆口，将电缆引入，进线采用电缆防水接头时，连接完成后，锁紧防水接头，如不能锁紧，用绝缘胶布包缠电缆与接头的配合处。确保部件达到设定的防护等级。

八、扭缆平台上段电缆连接

扭缆平台上段电缆包括四部分，即机舱照明电缆、解缆信号电缆、变桨系统电缆、机舱内电缆。连线时，首先连接好机舱照明电缆，这样后续的接线中就可以使用机舱照明。

注意：电缆接线表内长度栏中“——”表示此电缆在车间装配中已经连接好其中一端电缆，现场只需要连接另一端电缆到相应部件。

（一）机舱照明电缆连接

机舱照明电缆连接时应注意以下事项：

（1）机舱照明电缆连接时，切掉塔筒照明电源，以防触电。

（2）连线时需要准备照明灯具（头灯或其他灯）。

（3）测试合格后，接入电源，塔筒、机舱照明均可以用于后续安装。

马鞍处电缆布线时，已经将机舱照明电缆放置到马鞍处，现场接线时将这根电缆连接到扭缆平台上的照明分线盒内对应端子上即可。

（二）解缆信号电缆的连接

马鞍处电缆布线时，已经将解缆信号电缆放置到马鞍处，现场接线时将这根电缆连接到扭缆安全装置的解缆开关内对应端子上即可。

（1）电缆沿电缆固定架、爬梯或顺线架朝上布线到解缆开关处或距其最近的一个电缆固定架处分线，电缆留适当余量后绑扎到解缆开关的安装板上。

（2）电缆绑扎牢固，不滑动。然后留 200mm 余量将电缆接入解缆开关对应端子，连接牢靠，拧紧电缆防水接头。

（三）变桨系统电缆的连接

注意：叶轮吊装完成后，进入轮毂作业时，至少保证一组转子插入主轴法兰定位孔，才可以进入轮毂。

1. 变桨系统接入电缆的连接

（1）连接变桨系统接入电缆。

1）发运到现场时，变桨系统接入电缆固定在轮毂法兰面上（图 4-4-32）。

2）现场安装时，拆除固定管夹，沿轮毂内 SSB 支架绑扎或直接引入的变桨系统进线处，连接到对应插座或接入对应端子，扣紧插座锁扣或拧紧电缆防水接头。

（2）连接 OAT 变桨系统接入电缆。

（3）连接 SSB 变桨系统接入电缆。

2. 叶片防雷线连接

注意：①叶片防雷线连接在叶轮吊装完成后立即安装；②叶片调零后，检查叶片防雷线是否扭曲，必要时调整安装；③连线时需要准备照明灯具（头灯或其他灯）。

（1）安装弹力绳（图 4-4-33）。

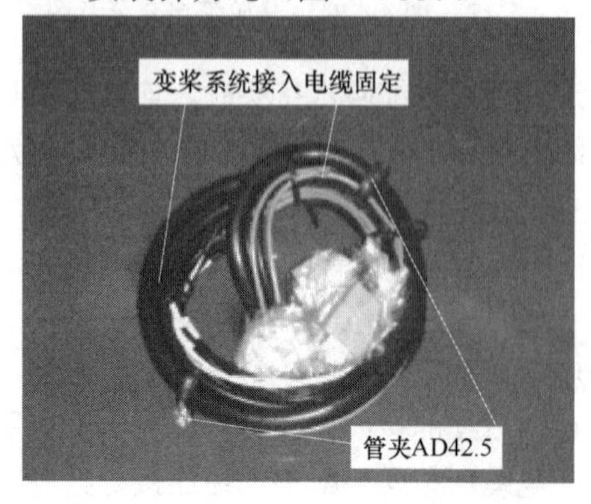

图 4-4-32　变桨系统接入电缆的固定

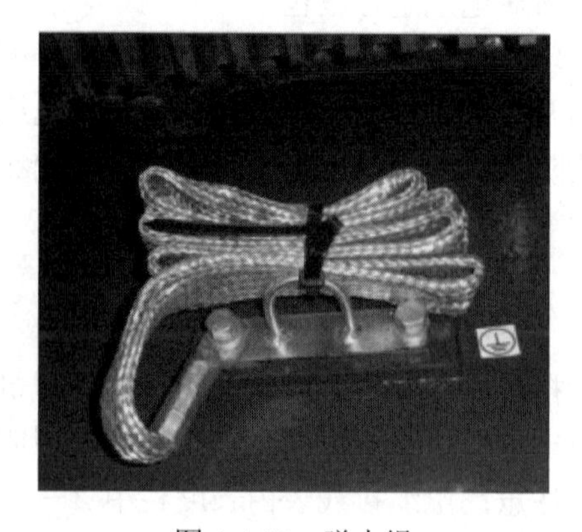

图 4-4-33　弹力绳

1）轮毂侧的防雷接地线在车间已连接好轮毂侧，另一端头已制作好了线耳。整根导线用扎带绑扎在防雷支架上。

2）叶片侧的防雷接地线在车间已连接好并固定在叶片防雷接地铜片上（图 4-4-34）。

3）铜片上的另一组固定螺栓用来固定轮毂侧引来的防雷接地线。

4）安装防雷固定用弹力绳（ϕ12/4. 5m）。将一端弹力绳拉钩挂在叶片防雷支架上，用手钳将拉钩钳紧成环，使拉钩不能脱出。

5）将弹力绳拉紧来回三次穿轮毂侧及叶片侧防雷支架，最后挂在轮毂侧防雷支架上（图 4-4-35），用手钳将拉钩钳紧成环，使拉钩不能脱出，调整弹力绳的松紧度，使弹力绳受力均匀。

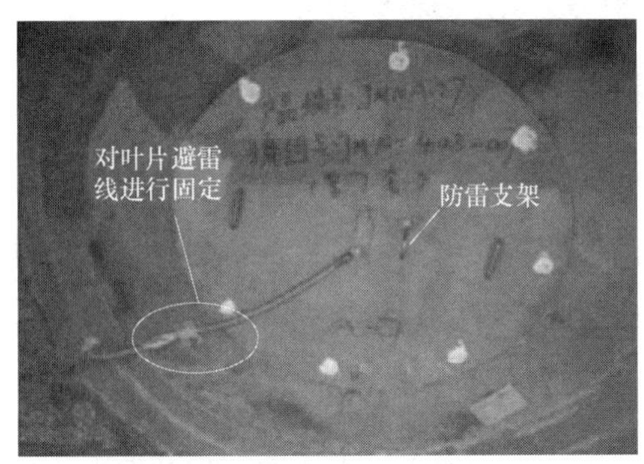

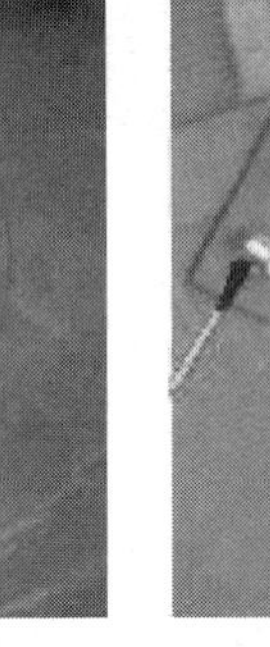

图 4-4-34　叶片避雷线固定

图 4-4-35　弹力绳固定

（2）安装防雷接地线。

1）轮毂侧防雷线在线耳处留余量打弯，在线耳上将防雷线均匀绑扎两处。

2）将防雷线绕弯在防雷支架及弹力绳根部绑扎固定。

3）注意绕弯不能太紧，若太紧橡皮筋容易拉断。

4）轮毂侧防雷线沿弹力绳平行绑扎，绑扎点均匀，间距 150mm 左右，两绑扎点之间要有余量，不能绷得太紧。

5）将铜片处固定点的螺栓松开，连接好线耳，固定牢靠。

6）将防雷线留余量打弯，在线耳上将防雷线均匀绑扎两处。

7）将防雷线绕弯在防雷支架及弹力绳根部绑扎固定。注意绕弯不能太紧，若太紧橡皮筋容易拉断。按轮毂处防雷线的绑扎方式进行绑扎。

8）叶片调零后，对叶片防雷线进行认真检查，如果发生扭转需要及时重新安装。

（四）机舱内电缆的连接

1. 机舱温度传感器的安装

（1）车间已经要求将机舱温度传感器安装好，并用扎带牢靠地绑扎在靠近机舱尾部处机舱柜支架的电缆固定杆上（图 4-4-36）。

（2）现场检查绑扎是否松动，并紧固安装。

2. 机舱外温度传感器的安装

（1）车间已经要求将机舱外温度传感器连接好机舱柜侧电缆，并将传感器探头用扎带牢靠地绑扎在柜内电缆上；机舱外温度传感器安装位置已经安装好电缆防水接头（图 4-4-37）。

图 4-4-36　机舱传感器安装

（2）现场安装时解开传感器，将电缆沿柜体下部出线孔引出机舱柜，将传感器探头伸出机舱外，拧紧电缆防水接头。将电缆整理绑扎，避免被踩踏、拉扯，以防损坏。

3. 风速风向仪布线及机舱吊机电缆连接

（1）测风桅杆安装时，已经将风速风向仪电缆放线到机舱内部。

（2）布线时，按图 4-4-38 所示预埋管布线接入机舱柜。将余量电缆绑扎好放置在机舱柜下方的线槽内。

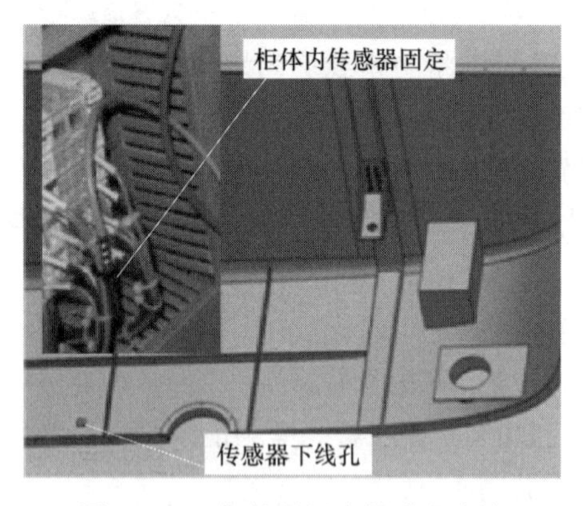

图 4-4-37　机舱外温度传感器连接

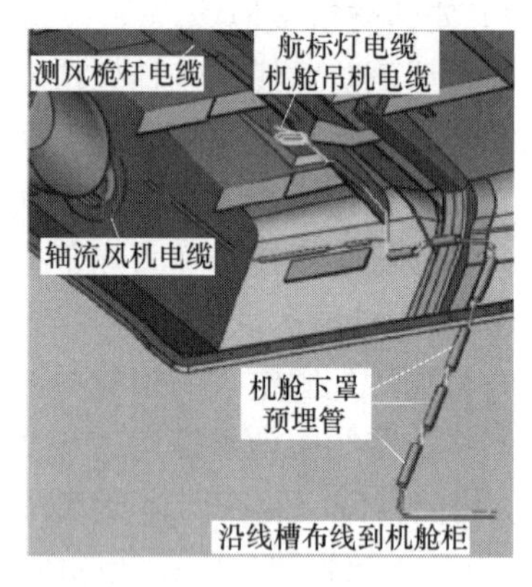

图 4-4-38　预埋管布线

（3）布线时应注意，避免电缆被割伤等，必要时做适当包扎防护。

（4）机舱吊机电缆在车间已经布线到图 4-4-38 所示位置，机舱吊机安装到位后，将机舱吊机电源电缆和此电缆对接，做好绝缘处理。

4. 供电电缆 690V、400V 连接安装

马鞍处电缆布线时，已经要求沿线槽敷设好 690V、400V 电缆至机舱柜下方，现场接线时将压接 25mm^2 端子接入机舱柜。

5. 光纤的连接安装

扭缆放线时，已经要求沿线槽敷设光纤电缆至机舱柜下方，现场接线时将光纤跳线沿

线槽布线接入机舱柜的光电转换器上。

九、塔基电缆连接

（一）布线原则

塔筒电缆安装完成后，开始连接各柜体间的电缆。

布线应把握以下原则：

（1）各柜体间的电缆连接必须条理分明，固定牢靠，接线牢固，电缆应理顺，尽量避免纠结、交叉，走线美观。

（2）光纤走线弯曲度必须大于 150°。

（3）动力电缆应排布整齐，与控制电缆无缠绕纠结，并且保证控制电缆不被动力电缆压到。

（4）布线参照塔基控制电缆布线示意路径，如图 4-4-39 所示。

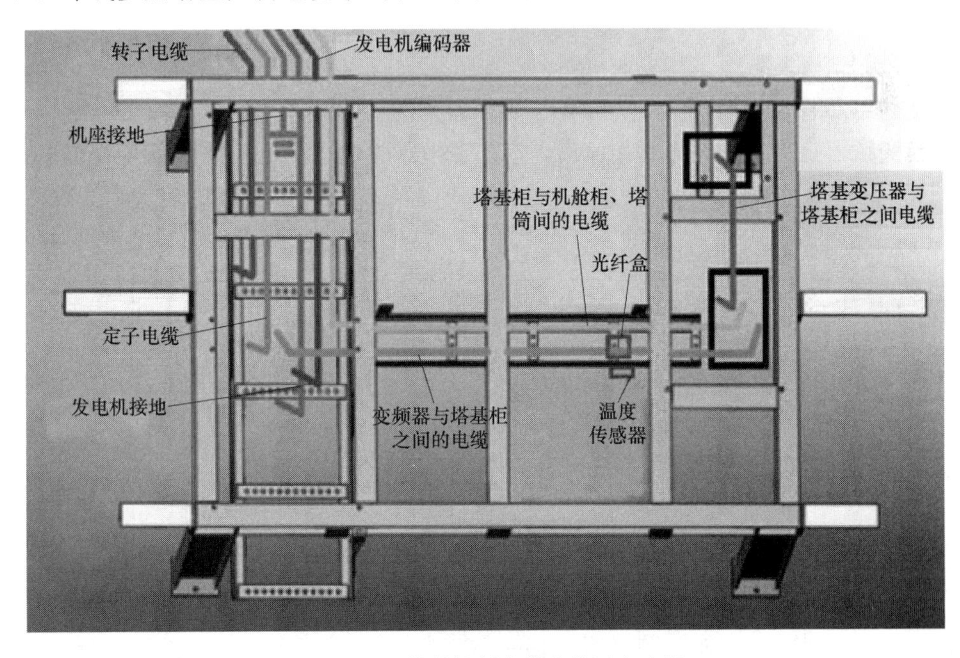

图 4-4-39 塔基控制电缆布线示意路径

说明：①温控器连接到塔基柜后，绑扎在图示位置；②光纤盒绑扎在如图所示位置处；③电缆架中的电缆在布线时，理顺电缆并每隔 300mm 用扎带绑扎牢靠；④图中的线条仅表示电缆的布线走向，接线时应根据接线图纸接线；⑤各柜体的接地线，实际接线时，接地线接出柜体后，直接接到塔内接地环上；⑥上进线布线接入变频器的定子电缆，转子电缆沿变频器上方电缆桥架布线。

（二）变频器进线

1. 塔筒动力电缆布线

（1）变频器下进线。

1）下进线如图 4-4-40 所示，（以 ABB 变频器为例）。

2）当基础平台上安装有电缆架时，接入变频器的电缆根据电缆固定架 1 的走向布线。布线时理顺电缆，排列整齐。

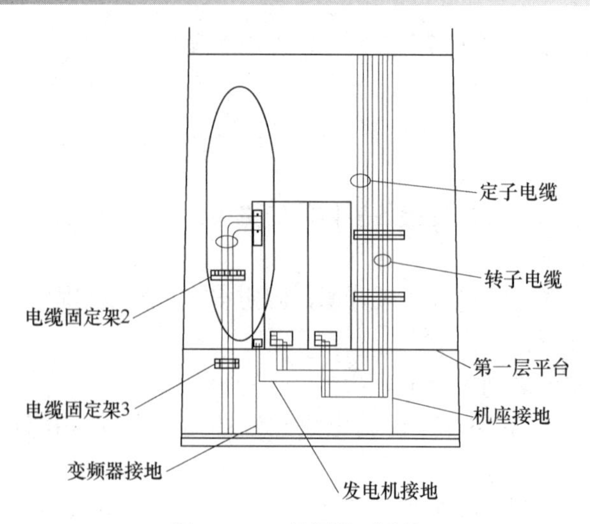

图 4-4-40　变频器下进线

（2）变频器上进线。

1）上进线如图 4-4-41 所示，（以 IDS 变频器为例）。

2）当变频器上方安装有电缆桥架时，接入变频器的电缆沿电缆桥架布线。布线时理顺电缆，排列整齐。

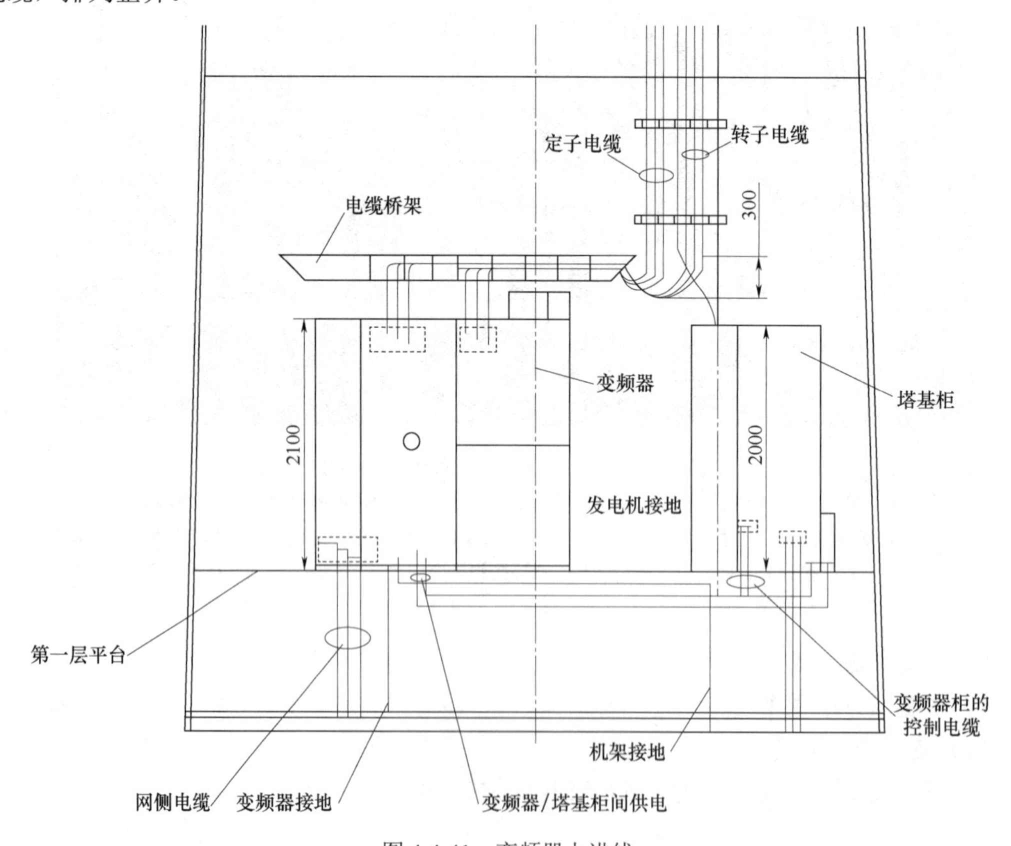

图 4-4-41　变频器上进线

2. 塔筒动力电缆绝缘测试

塔筒动力电缆绝缘测试的操作步骤如下：

（1）拆除发电机侧的定子、转子及定子防雷电缆，拆除机座接地电缆。

（2）拆除变频器侧定子、转子及防雷电缆，拆除机座接地电缆（如已经连接）。

（3）电缆端头悬空，注意不要碰到人或导体。用仪表检查所有电缆没有与接地、其他部件相连或相互连接。

（4）确定从发电机处至塔基的单根电缆，将此电缆的编号告知塔基处协同作业同事。检查该电缆的标签（如有必要，安装一个新标签）。

（5）进行绝缘测试，电缆阻值值必须大于 1MΩ。并记录。

（6）确认电缆制作合格及相序后接入对应端子。按接线箱内标注的力矩值紧固螺栓。

3. 变频器控制电缆布线

（1）变频器通信线。在车间已经制作好电缆的两端 CAN 插头，现场布线时，将变频器一端电缆插头插接在对应的接口上，拧紧固定螺栓。塔基柜一侧沿塔基柜内线槽布线，将电缆插头插接在对应的接口上，拧紧固定螺栓。

（2）发电机编码器接线。塔筒放线时已经将发电机编码器电缆放到塔基，沿变频器下方电缆固定架布线到进线位置，将电缆引入变频器，发电机转速电缆在变频器柜体侧的屏蔽层搓成股，套热缩管密封，牢靠地连接到接地点上，其他压接线耳接入对应端子。将余量电缆卷起用扎带绑扎，放置在电缆固定架内。

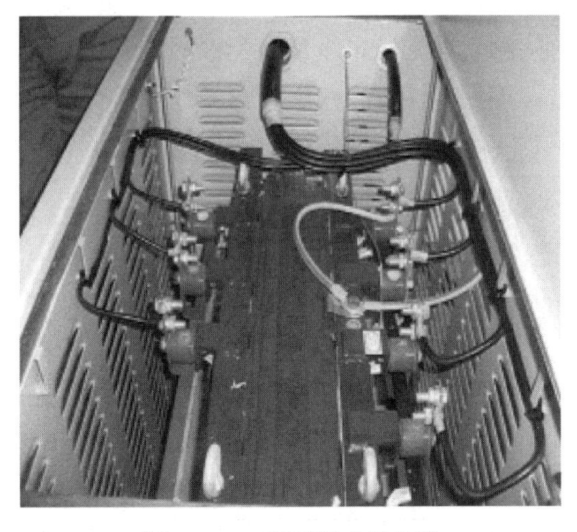

图 4-4-42 变压器电缆分线

（三）变压器进线

（1）变压器 690V 进线、400V 出线及温度传感器电缆沿变压器开孔接入，电缆线在内侧要用扎带固定牢靠，防止电缆滑动。

（2）电缆分线要横平竖直（图 4-4-42），分线根部要绑扎牢靠，要固定好电缆标识。

（3）扎带头方向一致，尽量隐蔽，剪口整体，避免割伤电缆。

（4）电缆连接完成后，锁紧电缆防水接头。

（5）变压器到塔基柜的电缆线从安装位置的后部按照电缆外径大小开孔，开孔处要加装防护胶圈或胶皮保护，防止割伤电缆。

（6）塔基柜底部开孔位置应在其对应的接线端子的正后方。

（四）塔基柜进线

塔基柜内接线的电缆屏蔽层处理同塔基柜内其他供电电缆屏蔽层的处理方法，保证屏蔽层接地牢靠，确保电缆两端连接牢靠正确。

1. 塔基环境温度传感器的安装

（1）塔基环境温度传感器已在车间安装好塔基柜侧电缆，用泡沫棉垫包扎了传感器，用扎带固定在塔基柜内。

（2）现场接线时，将传感器绑扎固定到塔基柜下方电缆架的指定位置。

2. 塔基光纤连接

塔筒放线时，已经将光纤、光纤盒及跳线放到塔基，沿变频器下方电缆架布线到电缆架两处，用 500W 扎带将其绑扎到塔基柜下方的电缆架上，将光纤跳线引入塔基柜，沿线槽布线接入光纤转换器。

（五）塔筒内接地

塔筒接地线在车间已经制作好两端端头，成品发往现场，现场连线即可。塔筒接地线制作如图 4-4-43 所示。现场连线时需要注意以下事项：

（1）接线前，需撕掉接线柱端面保护膜，并清理干净，要求接触表面光洁、平滑，无油污等，保持良好的导电性。

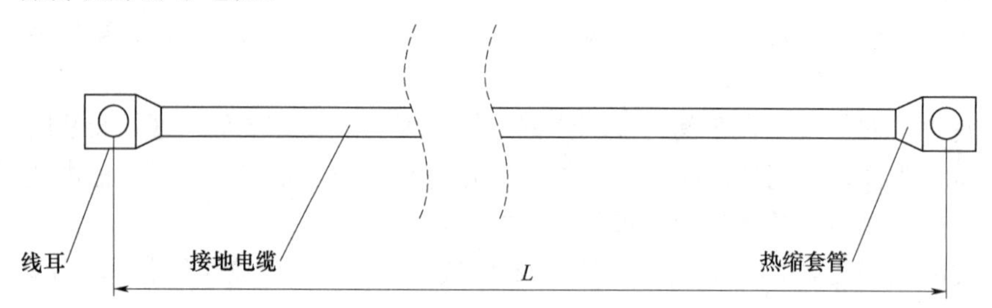

图 4-4-43　塔筒接地线制作示意

（2）接地扁钢焊接前，清理焊接端面，要求接触表面光洁、平滑，无油污锈蚀等，保持良好的导电性，如图 4-4-44 所示。

（3）接地电缆的敷设应平直、整齐，尽量做到距离最短，连接牢固，保证可靠接地。

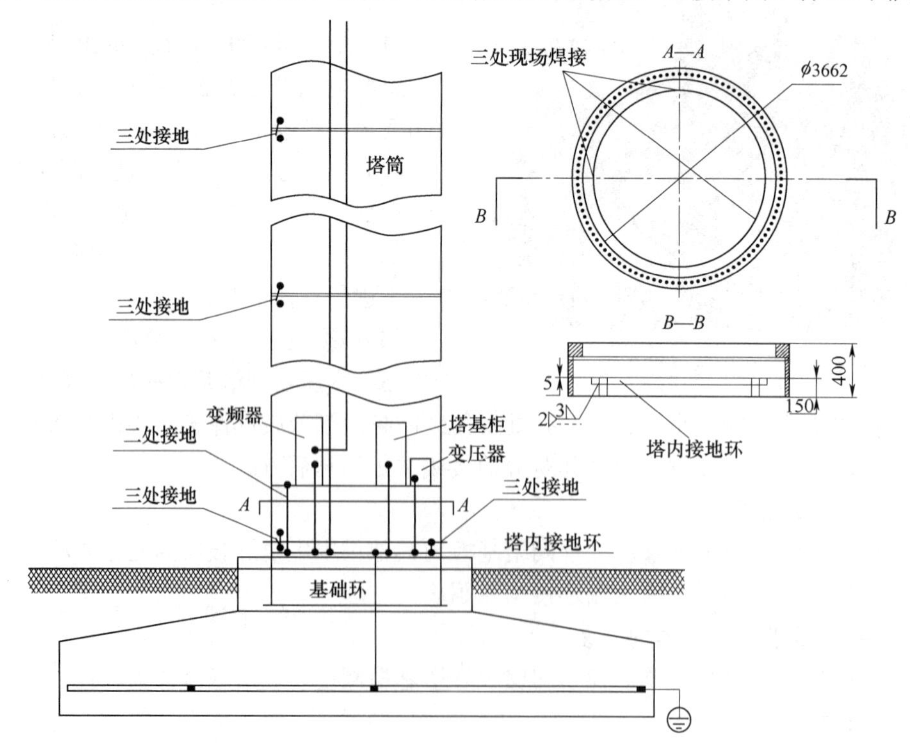

图 4-4-44　塔筒接地连线示意图（图示粗线条表示接地线，单位：mm）

（六）箱变电缆进线

注意：①风力发电机组箱变部分电气连接时，箱变高压侧断路器应处于断开状态，高压侧应有明显的断开点；②低压侧的断路器也应处于断开状态，隔离开关也应处在打开状态，并按照相关标准悬挂警示牌。

箱变电缆由电力施工人员沿基础环埋管敷设到塔基底部，已经预留好电缆，将电缆接入相应的接线端子。

（七）塔筒照明电源进线

原则上，塔筒照明进线已经由供应商安装好，绑扎在第一节塔筒下端。

塔基柜体、接地电缆连接工作完成后，电网应可用，需要将施工电源与照明电缆与底部控制柜相连，连线时完成以下各步骤：

（1）准备一个辅助照明灯（前灯或其他灯）。

（2）从底部辅助发电机将电缆断开。

（3）放线时，将此根电缆与其他电缆一起放线绑扎，沿电缆架布线到塔基柜下方，将电缆引入塔基柜。

（4）在正确长度处将电缆切断，剥开电缆，按照图纸接入对应端子。

（5）检查照明灯与插座的功能

十、作业完成撤离须知

1. 撤离轮毂

当完成所有电气连接工作时，应离开轮毂并完成以下工作：

（1）从轮毂控制柜处拿走所有工具并清除所有废物。

（2）将轮毂控制柜清理干净。

（3）关好轮毂控制柜门。

（4）确认并使所有开关处于关断状态。

（5）将轮毂处所有工具和废物清除。

（6）松开转子锁定装置。

2. 撤离机舱

当完成所有连接工作时，应离开机舱并完成以下工作：

（1）关闭天窗。

（2）从机舱控制柜处拿走所有工具并清除所有废物。

（3）将机舱控制柜清理干净。

（4）关好控制柜门。

（5）将机舱处所有工具和废物清除并拿下。

（6）将机舱清理干净。

3. 撤离塔筒平台

当已经完成所有连接工作时，应离开塔架平台并完成以下工作：

（1）将平台处所有工具和废物清除并拿下。

（2）将平台清理干净。

4. 撤离塔架底部

当已经完成所有连接工作时，应离开塔架底部并完成以下工作：

（1）从底部控制柜处拿走所有工具并清除所有废物。

（2）将底部控制柜清理干净。

（3）关好控制柜门。

（4）将塔架基础处所有工具和废物清除并拿出。

（5）将底部平台处所有工具和废物清除。

（6）将塔底座清理干净。

习 题 与 思 考 题

一、判断题

1. 在塔筒内工作时，戴好安全帽，非工作人员要远离梯子。（　　）
2. 用美工刀或电工刀时不需要戴上手套。（　　）
3. 变流柜做试验时，柜门要开着。（　　）
4. 风机工作时，远离滤波器护罩，防止烫伤；冬季叶片结冰时，要远离风机附近。（　　）
5. 工作时，头脑清醒，任何饮用含有酒精饮料的人员，可以进入风机进行工作。（　　）
6. 处理风机故障时，要保证两人以上在同一工位。（　　）
7. 风速仪、风向标安装时，必须确保好安全带，挂好安全绳。（　　）
8. 升降提升机时，必须穿着安全衣保证自身安全，允许手触碰提升机链条。（　　）
9. 进行维护工作时，工作人员站立在盖板上。（　　）
10. 工作结束后，必须清理所有工具及其杂物。（　　）
11. 上电操作时，必须按照规程进行，防止误操作。（　　）
12. 机组进行安装时，应在基础环法兰面安装孔外部一圈呈S状涂抹玻璃胶。（　　）
13. 机组进行安装时，应在基础环法兰面安装孔外部一圈呈S状涂抹玻璃胶，玻璃胶的作用是提高塔架的导电效果。（　　）
14. 机组进行安装时应在基础环法兰面安装孔外部一圈呈S状涂抹玻璃胶，玻璃胶的作用是提高塔架密封防雨的效果。（　　）
15. 上段塔架移动至高于下段上法兰上方100mm处，调整相互位置，对准法兰标记位置。（　　）
16. 风机内应配备灭火器。（　　）
17. 在风速不小于12m/s时，可以在叶轮上工作。（　　）
18. 在风速不小于18m/s时，可以在机舱内工作。（　　）
19. 雷雨天气，请勿在机舱内工作。（　　）
20. 工作区内允许无关人员停留。（　　）
21. 在吊车工作期间，工作人员应该站在吊臂下。（　　）
22. 平台窗口在通过后应当立即关闭。（　　）
23. 使用提升机吊运物品时，工作人员一定要站在吊运物品的正下方。（　　）

24．当机组正常、把维护开关拨到中间位置时，机舱上的照明立即熄灭。（　　）

25．为了保证人员和设备的安全，未经允许或授权禁止对电气设施进行任何操作。（　　）

26．带电作业时，工作人员必须使用绝缘手套、橡胶垫和绝缘鞋等安全防护措施。（　　）

27．当在叶轮中作业或维护时，必须使用叶轮锁定装置。（　　）

28．在风机安装现场，工作人员必须穿戴必要的安全保护装置进行相应的作业。（　　）

29．现场安装废弃物或垃圾应集中堆放、统一回收，严禁随意焚烧。（　　）

30．导流罩上段盖安装，根据出厂对接标识，将上端盖吊至导流罩分体总成上，内部用螺栓连接，外部结合处用密封胶处理。（　　）

二、选择题

1．机组维护工作完成后应注意（　　）。

A．清理检查工具。

B．各开关复原，检查工作中的各项，如解开的端子线是否上紧、短接线是否撤除、是否恢复了风机的正常工作状态等。

C．风机启动前，应告知每个在现场的工作人员，正常运行后离开现场。

D．记录维护工作的内容。

2．提升机的最大提升重量为（　　）。

A．350kg　　B．250kg　　C．200kg　　D．150kg

3．安全接地包括（　　）。

A．设备安全接地　　B．接零保护接地

C．防雷接地　　D．混合接地

4．信号接地包括（　　）。

A．单点接地（串联和并联）　　B．多点接地

C．混合接地　　D．悬浮接地

5．下列属于雷电的损坏方式的为（　　）。

A．直击雷　　B．雷电波的侵入

C．感应过电压　　D．地电位反击

6．攀爬塔架时，（　　）。

A．要戴安全帽，系安全带并把防坠落安全锁扣安装在钢丝绳上，并要穿结实的橡胶底鞋。

B．登塔时，不得两个人在同一段塔筒内同时登塔；进入上一个平台后，应立即盖好盖板，下一人方可攀爬塔架；工作结束之后，所有平台盖板应盖好。

C．攀登塔架时，不要过急，要平稳攀登，若中途体力不支可在中平台休息后继续攀登。

D．维修用的工具、零部件、消耗品等放在工具包中，尽量由人背上机舱。

7．下列需要使用绝缘手套的情况有（　　）。

A．高压设备发生接地时，接触设备的外壳和构架时。

B．拉合刀闸或经传动机构拉合刀闸和开关。

C．高压验电。

D．使用钳形电流表进行测量时。

8．下列需要使用绝缘靴的情况有（　　）。

A．雷雨天气，需要巡视室外高压设备时。

B．在转动的发电机转子电阻回路上的工作。

C．雨天操作室外高压设备时。

D．高压设备发生接地时，接近故障区域时。

9．关于搬运和卸货，以下说法正确的是（　　）。

A．人工搬运的物体必须是力所能及的，并应穿安全鞋带手套。

B．在使用吊车等机械设备搬运起吊物时，首先应检查设备、吊具是否合格，负荷是否在安全要求范围内。

C．物件起吊时，先将物件提升离地面10～20cm，经检查确认无异常现象时，方可继续提升；放置物件时，应缓慢下降，确认物件放置平稳牢靠，方可松钩，以免物件倾斜翻倒伤人。

D．起吊重心不在吊点垂直线上的物件时，为保持平衡，应在物件上站人，以保持平衡。

10．以下对风机安装现场安全要求，正确的是（　　）。

A．风机安装现场，工作人员必须穿戴必要的安全保护装置进行相应的作业。

B．遇有大雾、雷雨天，照明不足，指挥人员看不清各工作地点，或起重驾驶员看不见指挥人员时，不得进行安装、起吊工作，工作人员不得滞留现场。

C．现场安装废弃物或垃圾应集中堆放，统一焚烧。

D．现场进行焊接或明火作业，必须得到现场技术负责人的认可，做好与其他工作的协调，并采取必要的预防保护措施。

三、简答题

1．简述机舱组对与吊装的准备过程。

2．简述第三节塔筒吊装的准备过程。

3．简述中段塔架的吊装过程。

4．简述叶片吊装的准备工作有哪些？

5．简述叶片吊装的过程及使用的工具。

附录 安 全 细 则

安全是一切工作的根本，为了保证安全操作风机设备，须认真阅读和遵守手册的安全规范，任何错误的操作和违章的行为都可能导致设备的严重损坏或危及人身安全。所有在风力机附近工作的人员都应阅读、理解和使用风力发电机组安装安全指南。负责安装工作的管理人员必须督促现场人员按安全规程工作，安装前（中）应对吊车、起吊设备、安全设施进行必要的维护检查，如果发现问题应立即报告现场负责人员，并进行处理。风机厂家保留因改进风机而更改手册的权利。

一、安装现场安全要求

（1）现场安装人员应经过安全培训，工作区内不允许无关人员滞留。

（2）现场指挥人员应唯一且始终在场，其他人员应积极配合并服从指挥调度。

（3）在风机安装现场，工作人员必须穿戴必要的安全保护装置进行相应的作业。

（4）恶劣天气特别是雷雨天气，禁止进行安装工作，工作人员不得滞留现场。

（5）在起重设备工作期间，任何人不得站在吊臂下。

（6）使用梯子作业时，选用的梯子应具有足够的承载量，同时必须有人辅助稳固梯子。

（7）现场安装废弃物或垃圾应集中堆放、统一回收，严禁随意焚烧。

（8）现场进行焊接或明火作业，必须得到现场技术负责人的认可，并采取必要的预防保护措施。

二、搬运、起吊的安全要求

（1）不允许采用人工操作。

（2）在使用吊车等机械设备搬运起吊物体时，首先应检查设备是否合格，负荷量是否在安全要求范围之内。

（3）吊车操作人员应持证上岗。

（4）工作人员搬运的物体必须是力所能及的，并应穿安全鞋、戴手套。提升低于臀部高度的物体，应弯曲膝盖而不应弯腰，双脚分开与肩膀等宽，搬运过程中应避免扭伤身体。

三、接近风机时的安全要求

（1）雷电天气，禁止人员进入或靠近风机，因为风机能传导雷电流，至少在雷电过去1h后再进入。

（2）塔架门应在完全打开的情况下固定，避免意外伤人。

（3）用提升机吊物时，须确保此期间无人在塔架周围，避免坠物伤人。

四、在风机内工作的安全要求

（1）工作人员在攀爬塔架时，应该头戴安全帽、脚穿胶底鞋。在攀爬之前，必须仔细检查梯架、安全带和安全绳，如果发现任何损坏，应在修复之后方可攀爬。平台窗口盖板在通过后应当立即关闭。

（2）在攀爬过程中，随身携带的小工具或小零件应放在袋中或工具包中，固定可靠，防止意外坠落。不方便随身携带的重物应使用提升机输送。

（3）不能在大于或等于 10m/s 的风速时进行吊装，风速大于或等于 12m/s 时，禁止在机舱外作业，风速大于或等于 18m/s 时，禁止在机舱内工作。

（4）安装人员要注意力集中，对接塔架及机舱时，严禁将头、手伸出塔架外。

（5）当人员需要在机舱外部工作时，人员及工具都应系上安全带。作业工具应放置在安全的地方，防止出现坠落等危险情况。

（6）一般情况下，一项工作应由两个或以上的人员共同完成。相互之间应能随时保持联系，超出视线或听觉范围，应使用对讲机或移动电话等通信设备保持联系。只有在特殊情况下，工作人员才可以单独工作，但必须保证工作人员与基地人员能始终依靠对讲机或移动电话等通信设备保持联系。注意：提前做好通信设备的充电工作，出发前试用对讲机。

（7）发电机锁定：在机舱前部发电机定子处有两个手轮，就是发电机的锁定装置。只有指定的人员可以操作这两个手轮。如果操作不正确，可能会导致严重的设备损坏或人身伤害。

注意：未经许可的人不能操作锁定装置。

五、风机的安全装置及使用方法

在爬塔架或滞留在风力机里的时候，必须穿戴安全装备，如安全带、安全锁扣、安全帽等。在向上爬之前，每个人都要能正确地使用安全装备，认真阅读安全装备的说明书，错误地使用可能会导致生命危险，同时对于安全装备要正确地维护，而且注意其失效期。

六、电气安全

（1）为了保证人员和设备的安全，只有经培训合格的电气工程师或经授权人员允许才可以对电气设备进行安装、检查、测试和维修。

（2）安装调试过程中不允许带电作业，在工作之前，断开箱变低压侧的断路器，并挂上警告牌。

（3）如果必须带电工作，只能使用绝缘工具，而且要将裸露的导线作绝缘处理。应注意用电安全，防止触电。

（4）现场需保证有两个以上的工作人员，工作人员进行带电工作时必须正确使用绝缘手套、橡胶垫和绝缘鞋等安全防护措施。

（5）对超过 1000V 的高压设备进行操作，必须按照工作票制度进行。

（6）对低于 1000V 的低压设备进行操作时，应将控制设备的开关或保险断开，并由专人负责看管。如果需要带电测试，应确保设备绝缘和工作人员的安全防护。

七、焊接、切割作业

（1）在安装现场进行焊接、切割等容易引起火灾的作业，应提前通知有关人员，做好与其他工作的协调。

（2）作业周围清除一切易燃易爆物品，或进行必要的防护隔离。

（3）确保灭火器有效，并放置在随手可及之处。

八、登机

（1）只能在停机和安全的时候才能登机作业。

（2）使用安全装备前，要确认所有的东西都是完好的。在爬风机前要检查防滑锁扣轨道是否完好。穿戴好安全装备并检查，不要低估爬风机的体力消耗。允许攀爬的前提条件是：①身体健康；②没有心脏、血管疾病；③没有使用药物或醉酒。

（3）一次只允许一个人攀爬塔架。到达平台的时候将平台盖板打开，继续往上爬时要把盖板盖上。只有当平台盖板盖上后，第二个人才能开始攀爬，因为这样，可以防止下面的人被上面掉落的东西砸伤。

（4）攀爬的时候，手上不能拿东西。小的东西可以放在耐磨的袋子里背上去，并应防止袋中物品坠落。爬到塔架顶的时候，在解开安全锁扣前必须先与安全绳的附件可靠连接。没有坠落危险时，至少保留一根安全绳可靠地固定在一个安全的地方。进入机舱时，把上平台的盖板盖好，防止发生坠物的危险。

九、防火

1. 防火措施

严禁在工作区内吸烟!所有的包装材料、纸张和易燃物质必须在离开工作区的时候全部带走。为了保证在紧急情况时实现快速救护，必须保证到现场的道路畅通，而且保证道路可以通行车辆。

2. 应对火灾措施

发现着火应立即使用灭火器进行扑救，若火势加大，控制难度加剧，所有人员必须远离危险区，及时拨打“119”火警电话，讲明着火地点、着火部位、火势大小、外界环境风速、报警人姓名、手机号，并派人在路口迎接，以便消防人员及时赶到。

十、安装前的准备工作

1. 现场条件

（1）道路。通往安装现场的道路要平整，路面须适合运输卡车、拖车和吊车的移动和停靠。松软的土地上应铺设厚木板或钢板等，防止车辆下陷。

（2）基础。风机基础施工完毕、安装前，混凝土基础应有足够的养护期，一般需要28天以上的养护期，且各项技术指标均合格（如水平度等）。

2. 技术交流

（1）安装前期，建设、监理、施工、制造单位四方应召开技术交流会。确定各方职责、根据天气状况确定安装计划、供货进度，讨论并确定安装方案，明确安装过程使用设备、工具的提供者，形成会议纪要。

（2）安装前一周，四方再次召开技术交流会，通报工作进度（包括物资交接情况、问题等)，再次确认安装计划、安装方案、现场布置、设备及工具、各方参加安装人员职责、现场管理约定。

3. 安装用具

(1) 吊装设备。全面检查吊装设备的完好性，并保养。

(2) 吊装工具。根据《吊装工具清单》、工装总成图，检查工装的齐全性、完好性，将工装用的标准件安装到工装上后进行发运(塔架吊装工装标准件可借用塔架安装螺栓)。

(3) 标准件。根据《安装零部件清单》进行分包装(M16 以下螺栓最好将配套的平垫、螺母配套后包装)、贴标签(规格、数量、使用处)，总包装箱上亦应贴标签(列出箱内标准件规格、数量、使用处)。注意核查标准件的强度等级。

(4) 工具。根据《工具清单》准备工具，检查工具的齐全性(注意小配件)、完好性、配套性(如套筒方孔与扳手方头)、符合性(特别是薄壁套筒的壁厚，如塔架用套筒)。专用或具有特殊用途的工具发运前应试用，特别注意将专用工具的使用说明书、换算表复印件放在工具箱内。

(5) 消耗品。根据《消耗品清单》准备消耗品。

(6) 交接工作在安装前三天进行。

4. 主要零部件

在安装前，应对所有的设备进行检查，到货产品应为出厂并验收合格的产品。核对货物的装箱单及安装工具清单，如果发现异常情况，立即报告主管人员，及时与供货商进行联系，决定处理措施。

参 考 文 献

[1] 王承煦，张原．风力发电［M］．北京：中国电力出版社，2007．
[2] 刘万琨，张志英，李银凤，赵萍．风能与风力发电技术［M］．北京：化学工业出版社，2007．
[3] 宫靖远．风电场工程技术手册［M］．北京：机械工业出版社，2008．
[4]［美］Tony Burton，等．风能技术［M］．武鑫，等译．北京：科学出版社，2003．
[5] 叶杭冶．风力发电机组的控制技术［M］．北京：机械工业出版社，2008．
[6] 李建林，许洪华．风力发电系统低电压运行技术［M］．北京：机械工业出版社，2008．